智慧·经典励志丛书

# 人生智慧枕边书全集

徐庆 主编

北京师范大学出版集团
安徽大学出版社

图书在版编目(CIP)数据

人生智慧枕边书全集 / 徐庆主编. -- 合肥 : 安徽大学出版社, 2011.10
(智慧•经典励志丛书)
ISBN 978-7-5664-0324-7
Ⅰ. ①人… Ⅱ. ①徐… Ⅲ. ①人生哲学—通俗读物
Ⅳ: ①B821-49

中国版本图书馆 CIP 数据核字(2011)第 209772 号

智慧·经典励志丛书

人生智慧枕边书全集　　徐庆 主编

出版发行　安徽大学出版社
　　　　　(合肥市肥西路 3 号　邮编 230039)
印　　刷　合肥瑞丰印务有限公司
经　　销　全国新华书店
开　　本　710mm×1000mm　1/16
印　　张　12.25
版　　次　2012 年 8 月第 1 版
印　　次　2022 年 1 月第 2 次印刷
定　　价　36.00 元
ISBN　978-7-5664-0324-7

# 前 言

当今之世，要想成为一个成功者，必须精通做人做事的谋略。但大多数人不得其真谛，以道听途说为学问，以使巧弄诈为智慧。实践表明，要追求大成功就要有真正的智慧——大智慧。

人生充满着挑战，在挑战中追求人生的成功，是一种实现生命价值的至高境界。然而，在这个世界上，大多数人只知道羡慕别人的成功，而轻视了自己的能力。其实，人生的成功不能等待着别人的施舍和神灵的恩赐。命运在自己手中把握着，成功必须靠你自己去努力开创。而机遇并不好把握，它总是悄悄地降临到你的身边，如果你稍不留心，它就会翩然而去。因而，你应该学会用一颗热情的心对待生活，用一种智慧的眼光去发现机遇。只有这样，你才能够寻找到一把开启成功之门的钥匙。

本书荟萃人生事业的成功智慧、使你幸福的生活智慧，融汇成《智慧·励志经典丛书》大智慧。一篇篇蕴涵着生活和成功智慧的文章，犹如幸福人生的智慧锦囊，读后掩卷沉思，顿时让你看透人生的迷雾，洞察世事，练达人情，懂得成功之道，每天都有好心情和好状态。

本书将教你如何成功地做人做事，如何保持好的心情和状态。书中理论精辟，取材广泛，故事生动，说理透彻，涵盖了与人交往、方圆处世、诚实做人、精明做事等内容。人生不总是风和日丽、事事顺心，当你在困惑失意的圈子里迷转流浪时，希望这本书能够给你智慧的点拨，使你重获信心和勇气。生活中忙碌的你需要心灵的小憩，更需要成功智慧的方法与捷径，而本书则恰似成功者的圣经、好心情的当铺，品读这些励志文章，能够帮你把郁闷和不快抛到九霄云外，而把成功留下，让好心情永远伴你左右！

这些包涵人生智慧的励志文字，犹如轻抚心灵的缕缕清风，让你瞬间领悟人生的真谛，平淡对待得失，超然面对繁华；畅达时不张狂，挫折时不消沉。在人生的历练中涵养从容的定力，在潮起潮落的人生戏台上，举重若轻，游刃有余。

有《智慧·励志经典丛书》在手，它会为你指点迷津，让你成功的信心和勇气倍增，一生如踏马平川！

# 目　录

## 第一章　微笑能改变人生

## 第二章　狠抓机遇，把握成功



## 第三章　快意人生懂方圆

## 第四章　宽容是成功的助推器



## 第五章　让生命的激流荡涤灵魂

## 第六章　机会不会光顾幻想者

## 第七章　智慧生存，睿智人生





## 第八章　好口才带来好运气

# 第一章

## 微笑能改变人生

世界上的每一个人都想追求幸福,有一个可以得到幸福的可靠方法,那就是提高个人修养。幸福并不是依靠外部环境,而是依靠内在修养。记住:微笑能让你的人生与众不同。

# 生活没有我们想的那样复杂

“没事汉,清闲人”看似没有什么“心机”,实际上隐藏着做人的大学问。

“没事”与“清闲”强调的是一种自由——精神上的自由。不管外界有多少有形无形的枷锁,精神意志却是自由的,“泽雉十步一啄,百步一饮,不蕲畜乎樊中。神虽王,不善也”。山鸡宁愿走十步或百步去寻到饮食,也不愿被关在笼子里做一只家鸡;帝王虽然神圣,却也没有什么好的。这一点,与西方的“存在主义”代表人物萨特似乎不谋而合。萨特在他的《苍蝇》一剧中,借众神之神朱庇特之口说:“神与国王都有痛苦的秘密,那就是——人类是自由的。”

诚如卢梭所说:“在所有的一切财富中最为可贵的不是权威而是自由,真正自由的人,只想他能够得到的东西,只做他喜欢做的事情。”“放弃自己的自由,就是放弃自己做人的资格,放弃人的权利,甚至于放弃自己的义务。”当然,自由不是随心所欲,任何自由都是有限度、有规则的,所谓“绝对的自由世界”纯属子虚乌有。



说到底,自由就是顺心尽兴,但能顺心尽兴不是酒色财气,吃喝嫖赌,而是有追求,不贪心,心性不可太盛,要奉献,但不亏心,要顺和,但不违心,不同流合污。就是说,人生总要或总在追求什么,完全浑浑然无所求的人几乎没有。人要生存,要生活,就要有一定的物质保证,以满足起码的生存需求。适当的物质追求也是天经地义、无可厚非的。即使功名利禄,只要是付出所得,似乎也应受之无愧,但若对于这些东西的需求变成无止境的追求,并以此作为人格追求、价值追求,必然会贪心不足蛇吞象。即使一次评职称、一次调级、一次提干没能满足,甚至其中有明显不公,也不可耿耿于怀,伤心劳神而穷追不放,甚至放肆撒泼。这样既无面子,又不宜养生。

与人相处得理时,别咬住不放,得饶人处且饶人,尤其对那些非原则的小事不要太认真,以免闹得不欢而散。如此日久天长,就会成为“有人缘”的好人。但是生活是复杂的,处处有矛盾,事事有原则。

经验告诉我们,心愿与现实常常阴差阳错,或歪打正着。你想当演员,各种因素却同时把你定在工人的位置,成不了“星”还得钻地沟。但只要肯努力,抱定希望,不断充实自己,“是金子早晚会发光”,“天生我材必有用”。“哀莫大于心死”，只要“不死心”，精诚所至，金石为开，最起码也落个精神充实自由，在精神世界里汪洋恣肆、自由腾飞。

生活就是如此简单，只要你愿意做个“精神漫步者”。

还是卢梭说得对：“人的自由并不仅仅是在于做他愿意做的事，而在于能够做他不愿意做的事。”把做事、做人分开，才会有更广阔的天地。

## 打开心扉面对生活

有一位女孩，读高中一年级。随着青春期的到来，她慢慢地产生了摆脱父母的心理，开始有了自己的书房和小书桌，每天偷偷地写日记，藏在抽屉中，不让妈妈看。她希望用自己的内心去体验世界，可是面对纷繁的现实世界、繁杂的人际关系以及沉重的学习压力，内心又感到一种不安全感。于是，她开始变得孤僻，害怕人际交往，产生一种莫名其妙的封闭心理。有时候，她一个人跑到小河边望着宁静的河水流泪，顾影自怜。她渴望与同学进行交往，羡慕其他同学快快乐乐、无忧无虑地参加集体活动，可她却又害怕主动与别人交往，还抱怨别人对她不理解、不接纳。



自我封闭是一种非常可怕的心态，与外界隔绝，孤单寂寞，生活在个人的小圈子里，难以与人交往，发展到一定程度，就成为一种心理疾病。

自我封闭的原因有以下几个方面：

一是由于过分自尊的心理所致。世界著名心理学家马斯洛的自我实现心理学，提出了人的自尊需要。其实，每个人都希望自己得到公众的尊重和喜欢，但是这种自尊的需要仅仅是自己本人的一种希冀，能否在事实上得到，则取决于公众对自己语言、举止、行动的评价和肯定。如果说将自尊的需要作为一种行动去指导自己的行为，这本没有理论上的错误。问题是这种自尊心理不能过分。一个人在社交中过分自尊的心理占据指导和支配地位，就会怕自己的行为是否失当，怕人们会怎么看待自己。甚至有时会因为过分自尊心理之故，而不愿与比自己强的人交往，担心相比之下，会掉自己的价，失去尊重。如此思来想去，就会把自己封闭起来，不与外界往来，成了孤家寡人，慢慢地就难以适应现代社会了。

二是由于自卑情绪所致。自卑是人们对自己虚设的一种自我否定，也就是说“自己瞧不起自己”，缺乏自信和自强。这种心理一般表现为害怕失败，或者说不能正确对待失败。日本有学者通过研究，认为有自卑感的人，一般属于下列10种类型之一，或是合乎其中的两种以上：

1. 为了追求超过限度的愿望而心焦气躁。

2. 由于企求赞赏的愿望太迫切，不时行之于言表。如果不如愿，反过来责备别人。

3. 产生自己是十全十美的错觉，因而自以为能够产生本身产生不了的力量。

4. 企盼做出超出能力的事，由于达成无望，因而经常消极地嘲笑自己。

5. 曾经在竞争上输给别人，却一直难以忘怀。

6. 被别人的成功所压倒，叹息“鸿运”没有降到自己头上。

7. 没有测量自己的尺度，总是以别人的尺度测量自己。

8. 逢人便说：“我的工作条件不好怎能成功？”借此逃避自己的责任。

9. 经常担心被别人看穿了自己的烦恼，因此与人接触总是戒意在先。

10. 不敢面对缺乏能力的自己——刻意逃避自己，事实证明，有自卑感的人总是畏畏缩缩，社交时自然“不战而败”。

三是受羞怯心理的影响，怕羞者常常担心自己被别人否定，他们总是把别人看作自己的法官，这样一来，跟其他人在一起就会感到不自在。特别怕和名人或比自己水平高的人交往，这种“不自在”好比芒刺在背。久而久之，就会把自己封闭起来，不与他人往来。

四是愚昧无知所致。一位西方心理学家指出：“愚昧是产生惧怕的源泉，知识是医治惧怕的良药。”例如对于一个他人正在谈论的话题，一个根本不知晓此类话题的人，在这种社交场合下，他若不介入谈论，就会明白地告诉他人自己是无知于此道；若是介入谈论，便会由于无知而“出丑”，处于这样进退维谷的境地，便会使他封闭自我，不参与社交，孤立于一隅。

要成功做人，就要克服上述心理障碍，正确认识自己，勇敢面对社会，面对他人，走向成功人生。

1. 要有成功社交的愿望。只要你想进入大家的圈子，想成为社交的一员，想受到大家的欢迎，想有许多朋友，你就会努力学习社交，你就会调动你的一切智慧去掌握社交的技能，最终能学会社交。

2. 要敢于表现自己的长处。每个人都有自己的长处，只要你相信自己有能力去和别人交往,你就会发展自己的长处,不断地显示自己的长处,你就会吸引别人的注意,你就会找到自己的志同道合者。不要怕自己不行,要相信自己会比别人做得更好,只要你有自信,你就会使自己的长处得到充分的发挥。

3. 在别人面前承认自己的缺陷与不足,不但不会丢脸,反而会赢得别人的尊敬。每个人都有自己的短处,敢于承认自己的短处的人是勇敢的人,很多人不敢在别人面前承认自己的缺陷和不足,就害怕别人看不起他,其实,“头上的烂疮疤盖是盖不住的”,只有承认它的存在,才有改正的可能。另外,每个人都有不足,你承认自己的不足没有什么丢人的。相反,你承认自己不足,大家会认为你是个诚实的人,值得信赖,就会愿意结交你,和你成为朋友。

4. 多与别人交谈,敞开心扉,能容他人,他人也就能容自己。谈话是开心的钥匙,只要与人交谈就会收到交际的效果。多与人交谈就会渐渐地敢于说出自己的心里话,就会与人坦诚相待,就会容许别人发表自己的见解,彼此相容就会达成一致,就会建立友谊,你也就学会了交际。



只要你真诚地对待别人,不掩藏、不惧怕、不害羞,就会走出自我封闭的阴影,其实,外面的世界是很容易接触的。

## 谦虚永远是招人喜欢的品质

每个人都有表现欲,有了成绩总希望别人知道,最好能得到赞美。这种心理很正常,但是你要知道每个人都讨厌别人的吹嘘。有涵养的人会顾着你的面子,假装微笑,假装欣赏,而你可千万别认为每个人都会有涵养。大部分的时候,你不会那么幸运。很多人会在你吹嘘自己的时候冷冷地刺你一下,把你自我吹嘘时不小心露出的漏洞给捅出来。

喜欢自我吹嘘的人很容易给人以不忠实的感觉,给人留下不好的印象。如果你去面试,想得到一个好的工作,就把自己大大吹嘘一下,那么经理会认为你这个人好大喜功,做事肯定不踏实。如果有这样的印象,那你肯定没戏了。

喜欢自我吹嘘的人经常会有意无意地贬低别人。有时候,你并没有想到贬低别人,但在说话时一味强调自己,旁人听了就会感到你在抬高自己、贬低旁人。在办公室年终小结的时候，轮到你发言，你一口气罗列了几十条成绩，有些确实是你的成绩，但有些肯定是共同的成绩，你也揽在自己名下，你的同事当面不会说你什么，但在投票选先进的时候，会给你一个零分。

喜欢自我吹嘘的人往往缺少团队协作精神。他们喜欢表现自己，喜欢抢功劳，喜欢争名夺利。在需要协作完成时，他们首先会尽可能地一个人干，不行的话，他们会在过程中有意识地分清你我，让别人清楚，哪些是自己干的。有能力干倒也无妨，最可恨的是那些干起事来缩在后面，干完事后抢在别人前面的人。当然，他自己不喜欢集体，集体也不会喜欢他，所以，喜欢自我吹嘘的人往往是孤独的。

喜欢自我吹嘘的人也容易自我陶醉，容易得意忘形，也容易忽视别人。稍微有点能耐的自我吹嘘者很是自以为是，在自我陶醉时，当然也最容易忘乎所以，导致在做事的过程中漏洞百出。

我们都知道自我吹嘘不讨人喜欢，自我吹嘘的人也往往会在孤独中体会到这一点。所以在说话之前，首先要多为别人考虑一下。千万不能在名利面前太贪了，需分清彼此，最基本的是不能抢别人的功，如果能让一些给别人，那就更好了。但不管如何，切记在你张口的时候先说别人的功和名，然后再提自己那份。

其次，要时刻提醒自己：成绩是大家有目共睹的，再说就是画蛇添足了。其实有的人被人冠以“自我吹嘘”也是有点冤枉的，因为他们说的还都是实话，只是喜欢在别人知道以后还不厌其烦地重复自己的成绩。其实，即使别人没看到，但迟早会知道，你不必担心成绩会马上消失。要记住：别人宣传你的优点要比你自己去说可信一百倍。如果你能在你做了好事无人知晓的情况下，一言不发，那你就成“圣人”了。

做人就要有这种心态：我们做事不是为了给别人看的，而是为了充实自己，自我满足。如果凡事都要别人肯定，自己才能高兴，那也太可悲了，毕竟活在别人的“眼光”里是很累的。

# 接受批评是一种能力

每个人希望听到的都是赞美之词，但是在社交场合中，当你在毫无准备的情况下突然听到逆耳之言的时候，好多人都不知道该怎么办了，往往是怒在心头，有的人还会发作起来。其实，任何人都不是完美的，或多或少都有自己的缺点，不能用十全十美的标准去要求别人。当你遇到上述情况时，下面三种做法比较适当，可以参考。

不失态。当逆耳之言向你袭来的时候，在某种意义上正是考验你做人态度和处事修养的时候。当然，你若能做到安之若素是最好的了。可事实上人们往往不易做到这点，逆耳之言会在你的内心激起强烈的反应，这种反应又会表现在脸部表情上。应该说这种内心和外表的变化都是正常的，但是这种变化应该有个限度，这种限度就是一个人的分寸感、素质、修养的结合体。应该把这种限度控制在一定的情理范围之内，如果超出这个范围，就是表现失常，这种失常的表现就是失态了。一个人的失态往往是在感情冲动的情况下发生的，严重者会失去自控能力。这些都是在社交场合应竭力避免的。



不失言。听到逆耳之言，感情一冲动，一失态，紧跟而来的就是失言。失言只能引起激烈的争论，使矛盾升级，这样很容易伤害对方的感情，同时也会造成自伤。建立相互信任难，破坏这种信任则很容易，而一旦要重新建立就更难了。在人为地造成尴尬的局面时，应以一种相互谅解和理解的方式进行沟通，听到逆耳之言时，应冷静地多想想对方的话是否有道理，从而采取一种得体的方式作答。

不失礼。失态、失言必然会带来失礼。平心而论，对你提出意见和看法，本身就是对你的一种尊重，你应该对他表示感谢。至于对你的某些误解，你可通过努力去改变和消除，如此方显大度，不失礼于人。

控制自己的感情，以平和的心态对待逆耳之言，不意气用事，这样才能不失风度，应对得体，尊重对方也尊重自己。

## 人生中总有不能掌控的事

在人际交往过程中，每个人都会碰到一些性格怪异、孤僻的人，对这些人，你即使施展了浑身的解数，也无法跟他们接近，或者性格怎么也合不来，或者是猜不透他们的脾气，不知什么时候就冒犯了他们。对于与这种人交往，与其勉强不如放弃。

如果客观上不和这种人交往也还过得去，或者无论怎样与对方交往也得不到什么益处，那么就干脆和对方断交算了，因为我们不可能也没有必要跟所有的人都保持良好的关系。如果所有的事都能干好的话，那肯定是天才人物。虽然无论和谁交往都应该真诚相对，但如果交际对自己和对方都没有什么好处的话，还是不交际的好，还不如把精力转移到与其他人的交往中，因为十减一还有九，百减一有九十九，少了一个并不会破坏你的整个人际关系网。

正像当前中国的企业改革一样，如果国家去全面地抓好全国所有的大中小企业的话，势必分散精力，而且国家也不可能把所有企业都搞好，所以还不如来个“抓大放小”，抓住关系国计民生的大中型骨干企业，其他的由其自谋生路，这样从整体经济效益来看，比全面抓还要好。人际交往也是这个道理，要处理好整体与局部、主要和次要的关系。



## 人生何处不相逢

妻子和我以前一直认为，互不熟悉的人根本不可能建立友谊。可是我们错了。许多年来，每个星期日早晨和一伙“不知姓什名谁”的人搭乘长途车去城里，彻底改变了我们的想法。

开往城里的长途车，总是在人们睡意朦胧时就出发了，无论是大雪纷飞的冬季，还是闷热潮湿的夏季。我们总想快点到达目的地，这比相互了解不相识的人更重要。

可是有一位中年妇女，她却不这样认为。从她穿戴上来看，这是一个家境贫寒、生活拮据的女人。而每一次，她都不忘给司机带来一杯热咖啡。

还有一位矮胖的先生，每次去城里就为买份当期日报，在咖啡馆里泡上一会儿，然后夹着报纸回到车上。有一天他刚想上车就在路边滑倒了，车上的人们立即围上去，七手八脚地抬起他。有人叫来救护车，救护车刚启动，就有人发现掉在路沟边的那份报纸。司机心领神会地开车追赶上启动不久的救护车，让人们把报纸从救护车的窗子里塞了进去。

有好几个月，我们一直为没有和坐在前排的那位默不作声的老年妇女建立联系而感到失望。有天傍晚，我们走进一家小餐厅，发现了那位夫人常穿的外套，然后是那张饱经风霜的脸。我们仍像以往那样朝她点头——然而，这次似乎冰封的河水在春日的阳光下溶解了——她的脸上出现了只有遇到熟人才会有的表情，语句一字一顿从她口中蹦出。直到那时，我们才明白，她口吃。她有个低能的儿子，如今送进了特别护理院。坐车去城里看儿子是她每星期最重要的一件事。在餐厅的偶然相遇，使她感到"我们分……分分享了友谊"。

星期日的早晨，那位中年妇女又上车了，同样是那个座位，那条线路，那杯热咖啡。只是放在司机面前的，已不仅仅是一杯热咖啡了。长途车变成了友谊的大家庭。



## 静听者最受欢迎

韦恩是罗宾见到的最受欢迎的人士之一。他总能受到邀请，经常有人请他参加聚会、共进午餐、打高尔夫球或网球、担任基瓦尼斯国际或扶轮国际的客座发言人。

一天晚上，罗宾到一个朋友家参加一个小型社交活动。他碰巧发现韦恩和一个漂亮女孩坐在一个角落里。出于好奇，罗宾远远地注意了他们一段时间。罗宾发现那位漂亮女孩一直在说，而韦恩好像一句话也没有说。他只是有时笑一笑，点一点头，仅此而已。几小时后，他们起身，谢过男女主人，走了。

第二天，罗宾见到韦恩不禁问道："昨天晚上我在斯旺森家看见你和最迷人的女孩在一起。她好像完全被你吸引住了。你是怎么抓住她的注意力的？"

"很简单，"韦恩说，"斯旺森太太把乔安介绍给我，我只对她说：'你的

皮肤晒得真漂亮，在冬季也这么漂亮，是怎么做的？你去哪呢？阿卡普尔科还是夏威夷？’

‘夏威夷。’她说，‘夏威夷永远都风景如画。’

‘你能把一切都告诉我吗？’我说。

‘当然。’她回答。我们就找了个安静的角落，接下去的两个小时她一直在谈夏威夷。

今天早晨乔安打电话给我，她说很喜欢我陪她。她说很想再见到我，因为我是最好的谈伴。但说实话，我整个晚上没说几句话。”

看出韦恩受欢迎的秘诀了吗？很简单，韦恩只是让乔安谈自己。他对每个人都这样——对他人说：“请告诉我这一切。”这足以让一般人激动好几个小时。人们喜欢韦恩就因为他注意他们。

## 不要忽视语言的力量

理发师傅带了个徒弟，徒弟学艺3个月后，这天正式上岗。他给第一位顾客理完发，顾客照照镜子说：“头发留得太长。”徒弟不语。

师傅在一旁笑着解释：“头发长，使您显得含蓄，这叫深藏不露，很符合您的身份。”顾客听罢，高兴离去。

徒弟给第二位顾客理完发，顾客照照镜子说：“头发剪得太短。”徒弟无语。

师傅笑着解释：“头发短，使您显得很精神、朴实、厚道，让人感到亲切。”顾客听了，欢喜而去。

徒弟给第三位顾客理完发，顾客一边交钱一边笑道：“花时间挺长的。”徒弟无言。

师傅笑着解释：“为‘首脑’多花点时间很有必要，您没听说‘进门苍头秀士，出门白面书生’？”顾客听罢，大笑而去。

徒弟给第四位顾客理完发，顾客一边付款一边笑道：“动作挺利索，20分钟就解决问题。”徒弟不知所措，沉默不语。

师傅笑着抢答：“如今时间就是金钱，‘顶上功夫’速战速决，为您赢得了时间和金钱，您何乐而不为？”顾客听了，欢笑告辞。

晚上打烊，徒弟怯怯地问师傅：“您为什么处处为我说话？反过来，我没有一次做对过。”

师傅宽厚地笑道：“不错，每一件事都包含着两面性，有对有错，有利有弊。我之所以在顾客面前鼓励你，作用有二：对顾客来说，是讨人家喜欢，因为谁都喜欢听吉言；对你而言，既是鼓励又是鞭策，因为万事开头难，我希望你以后把活做得更漂亮。”

徒弟很受感动，从此，他越发刻苦学艺。日复一日，徒弟的技艺日益精湛。

## 给人提意见要婉转

山顶住着一位智者，他胡子雪白，谁也说不清他有多大年纪。

男女老少都非常尊敬他，不管遇到大事小事，他们都来找他，请求他提些忠告。

但智者总是笑眯眯地说：“我能提些什么忠告呢？”



这天，又有年轻人来求他提些忠告。

智者仍然婉言谢绝，但年轻人苦缠不放。

智者无奈，他拿来两块窄窄的木条，两撮钉子，一撮螺钉，一撮直钉。

另外，他还拿来一个榔头、一把钳子、一个改锥。

他先用锤子往木条上钉直钉，但是木条很硬，他费了很大劲也钉不进去，倒是把钉子砸弯了，不得不再换一根。

一会儿工夫，好几根钉子都被他砸弯了。

最后，他用钳子夹住钉子，用榔头使劲砸，钉子总算弯弯扭扭地进到木条里面去了。

但他也前功尽弃了，因为那根木条也裂成了两半。

智者又拿起螺钉、改锥和锤子，他把钉子往木板上轻轻地砸，然后拿起改锥拧了起来，没费多大力气，螺钉钻进木条里去了，天衣无缝。而他剩余的螺钉，还是原来的那一撮。

智者指着两块木板笑笑：“忠言不必逆耳，良药不必苦口，人们津津乐道的逆耳忠言、苦口良药，其实都是笨人的笨办法。那么硬碰硬有什么好处呢？说的人生气，听的人上火，最后伤了和气，好心变成了冷漠，友谊变成了仇恨。我活了这么大，只有一条经验，那就是绝对不直接向任何人提忠告。当需要指出别人的错误的时候,我会像螺丝钉一样婉转曲折地表达自己的意见和建议。

## “实话实说”要视情形而定

有这样一个故事:

从前,有一个爱说老实话的人,什么事情他都照实说,所以,他不管到哪儿,总是被人赶走。这样,他变得一贫如洗,简直无处栖身。最后,他来到一座修道院,指望着能被收容进去。修道院长见过他问明了原因以后,觉得他是“热爱真理的人”,于是,把他留在修道院里了。

修道院里有几头已经不顶用的牲口,修道院长想把它们卖掉,可是他不敢派手下的人到集市去,怕他们把卖牲口的钱私藏腰包。于是,他就叫这个诚实人把两头驴和一头骡子牵到集市上去卖。诚实人在买主面前只讲实话:“尾巴断了的这头驴很懒,喜欢躺在稀泥里。有一次,长工们想把它从泥里拽起来,一用劲,拽断了尾巴;这头秃驴特别倔,一步路也不想走,他们就抽它,因为抽的太多了,毛都秃了;这头骡子呢,是又老又瘸。如果它们干得了活儿,修道院长干吗要把它们卖掉啊?”结果,买主们听了这些话都走了。这些话在集市上一传开,谁也不来买这些牲口了。于是,诚实人到晚上又把它们赶回了修道院。听完诚实人讲述完集市上发生的事,修道院长发着火对他说:“朋友,那些把你赶走的人是对的,不应该留你这样的人!我虽然喜欢实话,可是,我却不喜欢那些跟我的腰包作对的实话!所以,老兄,你滚开吧! 你爱上哪儿上哪儿去吧!”

就这样,诚实人又从修道院里被赶走了。

其实,故事中“诚实人”的遭遇并不是偶然的,现实生活中也不乏类似的例子。舞蹈家邓肯是19世纪最富传奇色彩的女性,热情浪漫外加叛逆的个性,使她成为反对传统婚姻和传统舞蹈的前卫人物。她小时候更是纯真,常坦率得令人发窘。

圣诞节,学校举行庆祝大会,老师一边分糖果、蛋糕,一边说着:

“看啊,小朋友们,圣诞老公公替你们带来什么礼物?”

邓肯马上站起来,严肃地说:

“世界上根本就没有圣诞老公公。”

老师虽然很生气，但还是压住心中的怒火，改口说：

“相信圣诞老公公的乖女孩才能得到糖果。”

“我才不稀罕糖果呢。”邓肯回答。

老师勃然大怒，处罚邓肯坐在前面的地板上。

## 如果对方想哭就让他哭

英国一个著名的芭蕾舞童星埃利，只有12岁，不幸由于骨癌准备截肢。手术前，埃利的亲朋好友，包括她的观众闻讯赶来探望。这个说：“别难过，没准儿出现奇迹，还有机会慢慢站起来呢。”那个说：“你是个坚强的孩子，一定要挺住，我们都在为你祈祷！”埃利一言不发，默默地向所有人微笑致谢。

她很想见到戴安娜王妃，她优美的舞姿曾得到戴妃的赞美，夸她像“一只洁白的小天鹅”。



经过别人转达她的愿望，戴安娜王妃终于在百忙中赶来了。她把埃利搂进怀里说：“好孩子，我知道你一定很伤心，痛痛快快地哭吧，哭够了再说。”埃利一下子泪如泉涌。自从得了病，什么安慰的话都有人说了，就是没有人说过这样的话，埃利觉得最能体贴理解她的就是这样的话！

据说，戴安娜虽然出身贵族，却没有受过高等教育，她经常说自己笨得像头牛，智商不高。但这个故事让我们相信她的情商一定很高，这种独有的天赋让她的形象在人们心中永远那么慈善温柔，颇具亲和力，无人能够替代。

世界上有许多聪明的人，会说许多聪明的话，但是，聪明的话说出来不一定贴切，不一定说得让人欣慰，不一定说得让人心存感激。其实这样的话都是些非常简单的话，可惜简单的话并不是人人都懂得该怎么说。

## 身份比美貌更重要

爱丽娜刚从大学毕业，在一个离家较远的公司上班。每天清晨7时，公司的专车会准时等候在一个地方接送她和她的同事们。

一个骤然寒冷的清晨，爱丽娜关闭了闹钟尖锐的铃声后，又稍微留恋了一会儿暖被窝——像在学校的时候一样。她尽可能最大限度地拖延了一会，用来怀念以往不必为生活奔波的寒假日子。那一个清晨，她比平时晚起了5分钟。可是就是这区区5分钟却让她付出了代价。

那天，当爱丽娜匆忙中奔到专车等候的地点时，时间已经是7点5分，班车开走了。站在空荡荡的马路边，她茫然若失，一种无助和受挫的感觉第一次向她袭来。

就在她懊悔沮丧的时候，突然看到了公司的那辆蓝色轿车停在不远处的一栋大楼前。她想起了曾有同事指给她看过那是上司的车，她想：真是天无绝人之路。爱丽娜向那车跑去，在稍稍犹豫了一下后，她打开车门，悄悄地坐进去，并为自己的幸运而得意。

为上司开车的是一位温和的老司机，他从反光镜里看了她一会儿，然后，突然转过头来对她说："小姐，你不应该坐这车。"

"可是，我今天的运气好。"她如释重负地说。

这时，上司拿着公文包飞快地走来。待他在前面习惯的位置上坐定后，才发现车里多了一个人，显然他很意外。

她赶忙解释说："班车开走了，我想搭您的车子。"她以为这一切合情合理，因此说话的语气充满了轻松随意。

上司愣了一下，但很快明白了，他坚决地说："不行，你没有资格坐这车。"然后用无可辩驳的语气命令道："请你下去。"

爱丽娜一下子愣住了——这不仅是因为从小到大还没有谁对她这样严厉过，还因为在这之前，她没有想过坐这车是需要一定身份的。以她平素的个性，她应该是重重地关上车门以显示她对小车的不屑一顾然后拂袖而去的。可是那一刻，她想起了迟到在公司的制度里将对她意味着什么，而且她那时非常看重这份工作。于是，一向聪明伶俐但缺乏生活经验的她变得异常无助，她用近乎乞求的语气对上司说："我需要您的帮助，不然我会迟到的。"

"迟到是你自己的事。"上司冷淡的语气没有一丝一毫的回旋余地。她把求助的目光投向司机，可是老司机看着前方一言不发。委屈的泪水终于在她的眼眶里打转。然后，在绝望之余，她为他们的不近人情而固执地陷入了沉默的对抗。

他们在车上僵持了一会儿。最后，让她没有想到的是，他的上司打开车门走了出去。

坐在车后座的她，目瞪口呆地看着上司拿着公文包向前走去。他在凛冽的寒风中拦下一辆出租车，飞驰而去。泪水终于顺着她的脸颊流淌下来。他给了她一帆风顺的人生以当头棒喝的警醒。

## 冲动是魔鬼

有一个发生在美国阿拉斯加的故事，一对年轻的夫妇，妻子因为难产死去了，不过孩子倒是活下来了。丈夫一个人既要工作又要照顾孩子，有些忙不过来，可是又找不到合适的保姆照看孩子，于是他训练了一只狗，那只狗既听话又聪明，可以帮他照看孩子。

有一天，男子要外出，像往日一样让狗照看孩子。他去了离家很远的地方，所以当晚没有赶回家。第二天一大早他急忙地往家里赶，狗听到主人的声音，摇着尾巴出来迎接，可是他发现狗满身是血，打开房门一看，屋里也到处是血，孩子居然不在床上……他全身的血一下子就涌到心头，心想一定是狗的兽性大发，把孩子吃掉了，盛怒之下，拿起刀来把狗杀死了。



就在他悲愤交加的时候，突然听到孩子的声音，只见孩子从床下爬了出来，丈夫感到很奇怪。他再仔细看了看狗的尸体，这才发现狗后腿上有一大块肉没有了，而屋门的后面还有一只狼的尸体。原来，是狗救了小孩，却被主人误杀了。

## 以笑声结束的决斗

十多年前，一位旅行家到马来半岛旅游。半岛地处热带，雨林蓊郁，繁花似锦，五颜六色的奇异鸟类在空中飞翔。海岸边，沙滩如玉。岛上的土著居民一身阳光晒就的健康肤色，从容而快乐。自然风光让旅行家如痴如醉，淳朴民风更让他流连忘返。特别是偶然遇到的一场奇异的决斗场面，更让他大开眼界。

决斗者是两名卡萨部落的男青年，几乎一样健壮、一样帅气。他们满脸严肃地走到决斗的地点，赤裸着上身，一脸不是鱼死就是网破的神情。令旅行家大惑不解的是，决斗者的手中既没有枪，也没有剑，而是一人握着一根孔雀翎。孔雀翎就是孔雀的尾羽。他们握住上端的羽梗，将下端圆圆的中间有一只美丽“眼睛”的尾部指向对方，找好适当的距离站定。决斗开始了，只见他们举起“武器”，把美丽的“眼睛”触向对方的上身，而且专找那些薄弱的地方，千方百计地给对方搔痒。随着时间的推移，两人的表情也发生着微妙的变化，由怒气冲冲慢慢地变成了“忍俊不禁”，最后，一方终于难耐“折磨”，控制不住笑出声来，决斗即告结束。决斗的双方竟然怒气全消，相互拍拍肩膀，一前一后地离开了。

旅行家问导游："这是不是一场特意安排的幽默表演？"导游肯定地答复说："绝对不是。这是卡萨部落的一个传统习俗，什么时候产生的不知道，但确实流传了好多年。在这个部落里，一个人若以为受到了别人的侮辱，便可以用决斗来泄愤。决斗的方式只有一种，就是你刚才看到的。决斗的时间没有限制，可以从早到晚，直到一方笑出了声，方才结束。先笑者为输家。笑过之后，冤家对头往往会握手言和。刚才的两个小伙子是一对情敌，为一个姑娘互不相让，所以只好决斗。决斗后胜者高兴，输者也心悦诚服，因为世代相传的游戏规则早已内化为自觉遵守的观念。这样的决斗，不仅能使难题迎刃而解，而且双方身体都不会受到伤害，更不会造成流血。"

旅行家的心灵受到了强烈的震撼，他绝对没有想到在这个近乎原始的地方，竟然存在着如此高超的生存智慧，如此充满艺术魅力的维护尊严的方式。



## 讨人嫌的提醒

"来两只嫩煮鸡蛋，一份家常油炸土豆条，一块乌饭浆果松饼，再加咖啡和鲜橙汁。"艾德沃德刚打开报纸，咖啡就端上来了。"请用咖啡，"侍者说，"不过，对不起。我们的立法当局坚持要我们提醒顾客，每天喝三杯以上的咖啡有可能增加得中风和膀胱癌的危险。虽然这是除去了咖啡因的，但食品和药物管理局仍要求我们说明，提取过程中或许还残留了微量的致癌可溶物。"这才给他的杯子斟上。

侍者端着他叫的早点回来时，艾德沃德差不多看完了第一版。

“您的鸡蛋，”侍者说，“如果不煮透，就可能含有沙门氏菌，会引起食物中毒。蛋黄中有大量胆固醇，它有诱发动脉硬化和心脏病的主要潜在危险。美国心血管外科医生协会主张每星期至多只吃 4 个鸡蛋，吸烟者和身体超重 10 磅者尤应如此。”

艾德沃德的胃感到一阵不舒服。

“马铃薯，” 侍者继续着，“皮上的青色斑块有可能含有一种叫龙葵碱的生物碱毒素，《内科医生参考手册》上说龙葵碱会引起呕吐、腹泻和恶心。不过放心，您用的土豆是仔细地去了皮的，我们的供应商还答应，如有不良后果，他们将承担一切责任。”

“但愿这‘不良后果’别降临到我头上。”艾德沃德想。

“松饼含有丰富的面粉、鸡蛋和黄油，还有乌饭浆果和低钠调味粉，唯独缺少纤维素。营养研究所警告说低纤维饮食会增加胃癌和肠癌的危险。饮食指导中心说面粉可能受到杀真菌剂和灭鼠剂的污染，还可能含有微量的麦角素，它能引起幻觉、惊厥和动脉痉挛。”



顿时，艾德沃德觉得松饼诱人的香味变得十分可疑了。

“黄油是胆固醇食品，卫生部忠告近亲患心脏病的人限制胆固醇和饱和脂肪的摄入量。我们的乌饭浆果来自缅因州，从未施过化肥和杀虫剂。但美国地质调查队有报告说许多缅因州的浆果长在花岗岩地区，而花岗岩常常含有放射性物质铀、镭和氡气。”

艾德沃德立刻想起了切尔诺贝利事故幸存者头发脱落的不雅观。

“最后，烘焙的麦粉中含有硫酸铝钠盐，研究者认为铝元素可能是早老性痴呆症的罪魁祸首。”侍者说罢便离去了，令人“肃然起敬”的营养咨询也许结束了。

但侍者很快又回来了，带着一只罐子。“我还得说明，我们的鲜橙汁是早上 6 点前榨的，现在是 8:30 整。食物和药品管理局与司法部正在指控一家餐馆，因为它把放了三四个小时的橙汁说成是新榨的。在那个案子裁决前，我们的律师要求我们从每一个订了类似食品的顾客那儿弄一份放弃追究声明书。”

艾德沃德填写了他递过来的表格，侍者用回形针把它附在账单上。在艾德沃德伸手取杯子时，侍者又拦住了他。“还有一件事，”侍者说，“消费安全组织认为您使用的叉子太尖太锋利，必须小心食用。”

“好，祝您胃口好。”侍者终于走开了，艾德沃德也终于松了一口气。他拨拉着已是冰冷冷的那份早餐，胃口彻底倒了。哦！上帝！

## 母爱是生命的守护神

有这样一个古老的东方故事：

从前，有个年轻人与母亲相依为命，生活相当贫困。

后来年轻人由于苦恼而迷上了求仙拜佛。母亲见儿子整日念念叨叨、不事农活的痴迷样子，苦劝过几次，但年轻人对母亲的话不理不睬，甚至把母亲当成他成仙的障碍，有时还对母亲恶语相加。

有一天，这个年轻人听别人说起远方的山上有位得道的高僧，心里不免仰慕，便想去向高僧讨教成佛之道，但他又怕母亲阻拦，便瞒着母亲偷偷从家里出走了。

他一路上跋山涉水，历尽艰辛，终于在山上找到了那位高僧。高僧热情地接待了他。听完他的一番自述，高僧沉默良久。当他向高僧问佛法时，高僧开口道：“你想得道成佛，我可以给你指条路。吃过饭后，你即可下山，一路到家，但凡遇到赤脚为你开门的人，这人就是你所谓的佛。你只要悉心侍奉，拜他为师，成佛是非常简单的事情！”年轻人听了非常高兴，谢过高僧，就欣然下山了。



第一天，他投宿在一户农家，男主人为他开门时，他仔细看了看，男主人没有赤脚。

第二天，他投宿在一座城市的富有人家，更没有赤脚的为他开门。他不免有些灰心。

第三天，第四天……他一路走来，投宿无数，却一直没有遇到高僧所说的赤脚开门人。他开始对高僧的话产生了怀疑。快到自己家时，他彻底失望了。日落时，他没有再投宿，而是连夜赶回家。到家门时已是午夜时分。疲惫之极的他费力地扣动了门环，屋内传来母亲苍老惊悸的声音：“谁呀？”

“是我，妈妈。”他沮丧地答道。

门很快打开了，一脸憔悴的母亲大声叫着他的名字把他拉进屋里。在灯光下，母亲流着泪端详他。这时，他一低头，蓦地发现母亲竟赤着脚站在冰凉的地上！

刹那间，灵光一闪，他想起高僧的话。他突然什么都明白了。年轻人泪流满面，“扑通”一声跪倒在母亲面前。

## 咖啡馆的一个伙计

格拉斯的父母在宾夕法尼亚州的沙勒罗伊经营了一家小咖啡馆，名叫“帕戈尼斯”。咖啡馆每周营业 7 天，每天营业 24 小时。格拉斯的第一份正式工作就是专门为那些来咖啡馆就餐的人擦皮鞋。那时候格拉斯 6 岁。他父母小时候也擦过皮鞋，所以他们教格拉斯怎么样才能把皮鞋擦得亮亮的。父亲告诉格拉斯，擦完鞋后要征求顾客的意见，如果他不满意，就把皮鞋重新擦一遍。

随着年龄的增长，格拉斯要干的活也增加了。他 10 岁的时候还负责收拾餐桌，干勤杂工的活。父亲笑容满面地告诉格拉斯，在他雇佣过的勤杂工中，他是干得最好的。



在咖啡馆里工作使格拉斯感到非常自豪，因为他拼命地干活正是为了让全家人能生活得更好。但是父亲明确地指出，要想成为咖啡馆工作人员中的一员，就得达到一定标准，格拉斯必须准时上班，手脚要勤快，并且要礼貌待客。

除了擦皮鞋，格拉斯在咖啡馆干的其他活都是没有报酬的。有一天，他做了一件傻事。他对父亲说：“您应该每周给我 10 美元。”父亲回答说：“好啊，那么你一天在这儿吃的三顿饭的饭钱是不是也应该付给我呢？你有时带朋友到咖啡馆来白喝汽水又该怎么算呢？”父亲又想了一下说：“你每周大约欠我 40 美元。”

后来，格拉斯在部队服役 2 年后回到家里。那时，格拉斯刚被提升为上尉，他自豪地走进父母的咖啡馆，父亲开口说的第一句话就是：“勤杂工今天休息，晚上你搞搞卫生，怎么样？”

格拉斯心里想：“我是不是听错了？我现在已经是美国军队里的一名军官了！但这又有什么关系呢？对父亲来说，我还是咖啡馆的一个伙计……”于是，格拉斯就拿起拖把拖地去了。

# 大家同心，其利断金

某公司成立以来，事业可谓蒸蒸日上。但因受国际上恐怖活动的影响，今年的利润却大幅下落。

董事长知道，这不能怪员工，因为大家都在为公司拼命地工作，丝毫不比往年差，甚至可以说，由于人人意识到经济的不景气，干得比以前更卖力。

这也就愈发加重了董事长心头的负担，因为马上要过年，照往例，年终奖金最少加发 3 个月的工资，多的时候，甚至再加倍。

今年可惨了，算来算去，顶多只能给 1 个月的工资做奖金。

“这要是让多年来已被惯坏了的员工知道，士气真不知要怎样滑落！”董事长忧心忡忡地对总经理说，“许多员工以为最少发 2 个月的工资，恐怕飞机票、新家具都定好了，只等拿奖金出去度假或付账单呢！”

总经理也愁眉苦脸了：“好像给孩子糖吃，每次都抓一大把，现在突然改成两颗，小孩一定会吵。”

“对了！”董事长突然触动灵机，“你倒使我想起小时候到店里买糖，总喜欢找同一个店员，因为别的店员都先抓一大把，拿去称，再一颗一颗往回扣。而那个比较可爱的店员，则每次都抓不足重量，然后一颗一颗往上加。说实在话最后拿到的糖没有什么差异，但我就是喜欢后者。”

突然，董事长有了主意……

没过两天，公司突然传来小道消息……

“由于营业不佳，年底要裁员，上层正在确定具体实施方案。”顿时人心惶惶，每个人都在想，会不会是自己。最基层的员工想：“一定由下面杀起。”上面的主管则想：“我的薪水最高，只怕从我开刀！”

但是，不久之后，总经理就宣布：“公司虽然艰苦，但大家同一条船，再怎么危险，也不愿牺牲共患难的同事，只是年终奖金，绝不可能发了。”

听说不裁员，人人都放下心头上的一块大石头，那不至于卷铺盖的窃喜，早压过了没有年终奖金的失落。

眼看新年将至，人人都做了过个穷年的打算，取消了奢华的消费和昂贵的旅游计划。

突然，董事长召集各单位主管紧急会议。

主管们匆匆上楼，员工们面面相觑，心里都有点儿七上八下："难道又变了卦？"

没几分钟，主管们纷纷冲进了自己的单位，兴奋地高喊着："有了！有了！还是有年终奖金，整整一个月，马上发下来，让大家过个好年！"

整个公司大楼爆发出一片欢呼，连坐在顶楼的董事长，都感觉到了地板的震动……

## 知己知彼，攻守有度

有一年，在比利时某画廊发生了这样一件事。

美国画商看中了印度人带来的 3 幅画，标价为 250 美元，画商不愿出此价钱，于是唇枪舌剑，谁也不肯让步，谈判进入了僵局。那位印度人恼火了，怒气冲冲地当着美国人的面把其中一幅画烧掉了。美国人看到这么好的画烧了，当然感到十分可惜。他问印度人剩下的两幅画愿意卖多少钱，回答还是 250 美元。美国画商见毫不松口，又拒绝了这个价格，这位印度人把心一横，又烧掉了其中一幅画。美国画商只好乞求他千万别再烧这最后一幅。当他再次询问这位印度人愿卖多少钱时，卖者说道："最后 1 幅画能与 3 幅画是一样的价钱吗？"结果，这位印度人手中的最后一幅画竟以 600 美元的价格拍板成交。



当时，其他画的价格都在 100 美元到 150 美元之间，而印度人这幅画却能卖得如此之高，原因何在？首先，他烧掉 2 幅画以吸引那位美国人，便是采用了"以退为进"的战略，因为他"有恃无恐"，他知道自己出售的 3 幅画都是出自名家之手。烧掉了 2 幅，剩下了最后 1 幅画，正是"物以稀为贵"。这位印度人还了解到这个美国人有个习惯，喜欢收藏古董名画，只要他爱上这幅画，是不肯轻易放弃的，宁肯出高价也要收买珍藏。聪明的印度人施展这招果然很灵，一笔生意成功了。

在商谈中，卖方很想出售自己的商品，而买方则会提出种种借口，以图达到最高利益，此时，以退为进的战略便会大奏奇效。

当然，想要成功地采用"以退为进"的策略，必须有一定的后盾，把握好分寸。"不打无准备之仗"，心中没有十分的把握而轻易使用此计，难免弄巧成拙。如果那位印度人不了解美国人喜爱古董的习惯，不能肯定他一定会买下那最后一幅画而去烧掉前两幅，如果最后美国人没有买那幅画，印度人可就是“赔了夫人又折兵”，追悔莫及了。

你退一步，按照你所掌握的对方的心理，对方愿意采取令你满意的行动，你的“以退为进”才能达到预期的目的。

## 小恩小惠见实效

有位先生走进西部航空公司的售票厅，对售票小姐说：“我要两张旧金山的机票。”

“你是美国印第安人吗？”

“不是。你问这干吗？”

“那太遗憾了，先生，因为如果您是印第安人并在清晨4点启程，又在次日清晨返回的话，我们可以给您30%的减价优待，但现在只剩下8%了。”

“哎，我的上帝，请问你们还有其他优惠条件吗？”

“嗯，如果您已经结婚50年以上没有离婚，并且是去参加您的结婚纪念活动的话，我们给您减价20%。”

“这对我不适合，还有吗？”

“哎呀，您太太还不到60岁吧？如果还不到60岁，且你们又不赶在周末旅行，那么可以享受20%的优惠价。”

“可我们非得在周末才有空呀！”

“嗯，别灰心，请问您和您夫人中有当学生的吗？如果你们有在上大学的，且又在星期五（星期五在美国虽属周末，却又因耶稣在星期五遇难而视为不祥日子）乘飞机，我们给您45%的减价优惠。”

“我的天，差不多便宜一半啊！可惜我早两年念完大学了。这样吧，小姐，您还是不要给我优惠了吧，谢谢您的介绍。”

你看，面对如此名目繁多而富有幽默色彩的优惠条件，这位乘客最后虽没有得到什么优惠，却也心满意足地买下机票。

打折促销常常是吸引消费者的重要手段，而对于商家来说，并不总能确保自己的利润，面对这种情况，聪明的销售人员就在打折条件中加点古怪要求，把优惠打折变成了“可望而不可即”的风景。

## 保住优秀员工的面子

杰克·韦尔奇就任美国通用电气公司总裁的时候，通用电气公司正面临着一项需要慎重处理的工作：免除查尔斯·史坦恩梅兹担任的计算部门的主管职务。

史坦恩梅兹在电器方面是个天才，但担任计算部门主管却遭到彻底的失败。不过，公司却不敢冒犯他，因为公司当时还绝对少不了他这样的人才。

于是，杰克·韦尔奇亲自出马。一天，他把史坦恩梅兹叫到他办公室，对他说：“史坦恩梅兹先生，现在有一个通用电气公司顾问工程师的职务，你看这项职务由你来担任如何？我暂时还找不到合适的人来担任这项任务。”



史坦恩梅兹一听，十分高兴地说：“没问题，只要是公司决定的，我就乐意接受。”

对这一调动，史坦恩梅兹十分高兴。他知道，换职务的原因是公司觉得他担任部门主管不称职，但他对杰克?韦尔奇处理这一问题的方式颇感满意。

通用公司的高级人员也很高兴。杰克·韦尔奇巧妙地调动了这位最易暴躁的大牌明星的工作，而且杰克?韦尔奇的做法并没有引起一场大风暴——因为他让史坦恩梅兹保住了面子。

## 人是一切事情的主导因素

第二次世界大战中，英美盟军将向欧洲大陆挺进，开辟欧洲第二战场，这对于同盟国和轴心国来说都是确定无疑的了。令盟军颇费心思的是登陆时间的确定，因为登陆的时间受到诸多气象因素的限制。

经过对历次登陆战的气象因素和英吉利海峡的天气、地形以及敌情等情况的分析，盟军总部认为登陆行动开始后的 3 天必须具备这样的天气条件:海岸风速不能大于每小时 24 公里,海面风速不能大于每小时 32 公里;云高应该在 900 米以上;要有下弦月,也就是说要选择月亮出得较晚的日子,因为轰炸机、伞兵、运载步兵的滑翔机等在出发直至接近目标时,需要黑夜的掩护,但在采取行动时又需要有月亮的照明,以便寻找和确认目标;黎明时分,当登陆部队接近海滩时,潮水要落,这样才可能发现德军设置在海滩的障碍物,而且,在同一天的黄昏,当第二批部队登录时,也需要低潮。在这些气象条件中,最受限制的是月亮和潮水。一月之中,能满足潮水需求的只有 6 天,且分散在相同半月的两段时间里,能满足月亮要求的仅有 3 天。可见,登陆日期的选择范围是十分有限的。

1944 年 5 月的大部分日子天气都非常好,盟军也已做好登陆的各项准备,于是,盟军最高司令官艾森豪威尔将军为诺曼底登陆选择了 3 个日子:6 月 5 日、6 日、7 日。这 3 天都符合盟军对潮水和月亮的需求。盟军的气象总部通过对未来几天天气形势的分析,认为所确定的登录日前后,天气不会有大的变动。据此,5 月 29 日,盟军总部向各部队发出了“号笛演习加六”的指令代号,含义为登录日定在 6 月 5 日。天公似乎有意为难盟军,就在这个指令代号刚刚发出不久,中午时分,盟军的一架气象飞机在纽芬兰上空发回来了一组令人忧虑的数据, 表明在美国东海岸以外的气候正在发生变化。接着,盟军在大西洋上的一些气象观测点也测到了一个巨大的气旋正向英吉利海峡移来。这突然出现的不测风云,给刚刚定下的诺曼底登录日期蒙上了阴影。



英吉利海峡的气候向来就以复杂多变而让气象学家们大伤脑筋。当时曾有气象权威断言,除非英吉利海峡的气候一反常态,否则要想做出 2 天以上的可靠预报是根本不可能的。而盟军总部交给气象总部的任务是提供 5 天以内的准确天气预报,看来,这的确不是轻而易举之事。

之后几日,更多更详细的气象资料从各个观测点汇集到了气象总部。十分明显,正在纽芬兰和爱尔兰之间迅速形成的几处低气压,对即将举行的诺曼底登陆构成重大威胁。6 月 3 日,盟军气象总部主任斯苔琪上校向盟军总部报告,6 月 4 日至 7 日,英吉利海峡将有大雨,风力 5 级。

7 日以后天气尚不明确。此时,天空星光闪烁,大海风平浪静,不能不使在座的将军们对斯苔琪上校的报告表示怀疑, 对是否决定推迟登陆犹豫不决。经过一番权衡,4 日凌晨,盟军总部不得不做出推迟登陆 24 小时的决定，马上向各部队发出了“开伞素加24”的命令代号。

6月4日上午，大块大块的乌云开始在英吉利海峡的上空堆积起来，风力加大到4级。从风力的发展趋势来看，三五天内很难有所好转。这就意味着登陆日的推迟不是一两天，而将是14天，那么，已经集结起来的如箭在弦上的几百万部队又得分散开来，登陆的时间和地区有失密的危险，官兵们旺盛的士气会受到挫伤；半个月后的登陆将不会有下半夜升起的月亮为轰炸机和空降兵提供便利；进攻的时间越往后推，有利于盟军作战气候的日子就越少，纳粹德国用飞弹袭击英国从而挫败登陆计划的可能性也越大；况且，气象官员们不能担保在未来的登陆日期天气就一定尽如人意。总之，推迟登陆对盟军是十分危险的。盟军总部为此忧心忡忡，对气象总部寄予厚望，祈求着天气的好转。

在厚望和责任的双重压力下，斯苔琪上校整天埋头专心于一大堆复杂的气象资料中，仔细地寻找、分析和推断，以求绝处逢生。

6月4日上午，就是在窗外正刮风下雨的那个时候，他在气象图上突然发现了一个意想不到的情况，有一股冷气流正在向英吉利海峡移动，可能在下午或夜间通过朴次茅斯；此外，一块刚刚离开纽芬兰的低气压云团在大西洋上已越来越沉重，降慢了向英格兰移动的速度。斯苔琪上校很快推论：从冷气流通过到低气压云团来临之前这段时间，英吉利海峡的天气将好转；这一天很可能是6月6日。这个发现令人既兴奋又担心，兴奋的是诺曼底登陆可望如期举行；担心的是万一预报失准，后果不堪设想，加之这一狭窄的好天气空隙可以利用的时间还不到24小时，连登陆的最低时间需求也难以满足。经过气象专家们的反复分析和论证后，当晚9时30分，斯苔琪上校向盟军总部会议报告说，从5日的下午到6日的上午天气将转好，风力会减弱，云层将减薄，可以保证两批登陆部队在6日的拂晓和黄昏登上诺曼底海滩。6日中午以后，天气又将转阴或雨。这个报告使在座的将军们脸上的乌云一扫而光，唯有艾森豪威尔将军不露声色，听着窗外一阵紧似一阵的风雨声，还不能下最后的决心。他要求气象总部进一步分析确定，做到预报万无一失。

6月5日凌晨，斯苔琪上校再次向盟军总部报告：6日的大部分时间有利于登陆，6日以后的天气虽将转阴或雨，但不会威胁登陆行动的完成。艾森豪威尔将军想到，天气虽不理想，但所冒的风险比推迟登陆要小，而且抓住这一天赐良机，可趁德军防备松懈发动奇袭，打它个措手不及。他终于做出了他一生中最重大的也是对人类命运至关重要的决定：6月6日登陆。马上，这个历史性的决定被取名为“翠鸟加五最后确认无疑”的代号，发往了各个部队。后来，英美盟军如期登上了诺曼底海滩，取得了人类有史以来规模最大的登陆战的胜利。

气象因素对战争胜败的影响之大，历来为人们所关注，以致有人曾发出“谋事在人，成事在天”的感叹。其实，当6月5日天气开始出现好转之时，德军也完全可以把握这一变化，从而做出适当的反应。值得庆幸的是，德军由于没有发现这一天气转好的变化，结果做出了一些有利于盟军的决定。德军也深知一月之中有哪几天适合于登陆作战，但连日的风雨使他们放松了戒备。6月4日，德军在巴黎的空军气象站认为，由于气候恶劣，盟军在半月内不会有行动，德国的防空部队甚至接到了不必执勤的命令，德国海军也因风浪太大而撤回了巡逻的舰艇。6月5日，德国在巴黎的气象观测站预报几天内有暴风雨，决定全站职工因风雨放假一天。德军诺曼底地区的司令官隆美尔元帅认定这令人担心的几天将因风雨而不会发生进犯，于当天乘车赶回德国，回家为太太祝贺生日去了。同一天，驻诺曼底地区的德国第七军团司令杜尔曼将军下令解除戒备状态，召集高级将领去100多英里外进行沙盘演习，以致在盟军登陆时，他不能马上赶回指挥战斗。6月6日凌晨，诺曼底的德国海军气象还坚持认为，这样的天气，不要说登陆，就是空袭也不可能。

# 第二章

## 狠抓机遇，把握成功

所有的成功人士都多谋善决，雷厉风行，从不拖泥带水。这样的人在于“心计”，懂得做事“先下手为强，后下手遭殃”的道理，所以，他们勇往直前，想得到做得到，从不落人之后，这样他们就总能追上机会并把它抓住，从而把握成功。

# 只有抢先，才会抓住

2002 年 9 月底，正在联邦德国考察的天津市技术改造办公室的同志从一位德国朋友那里得知，有家“能达普”摩托车厂倒闭了。我方立即向该厂表示：我们准备买下这个厂，但需回国后研究确定，一周之内，必有回信。与此同时，印度、伊朗等几个国家的商人也准备购买该厂。

回国后，天津市政府领导拍板决定购买“能达普”厂的全部设备和技术，并立即通知德方。随即组成专家团，准备赴德进行全面技术的考察，商谈购买事宜。就在这时，联系人从联邦德国发来急电：伊朗人抢先一步，已签署了购买“能达普”的合同，合同上规定付款期限为 10 月 24 日，如果 24 日下午 3 时，伊朗汇款不到，合同便告失效。

事情有点猝不及防。天津市领导分析了整个情况后认为，国际贸易竞争中也存在偶然因素，虽然伊朗商人在签订合同方面抢先，但能否付款尚属悬案。如果伊朗方面逾期付款，我方还有争取主动的机会。10 月 22日上午 10 时，天津市作出决定，立即派团出国，代表团用了 11 个小时办完了平常要办 15 天才能办好的出国手续。10 月 23 日，飞到了慕尼黑，他们立即与德方联系。10 月 24 日下午 3 时，当打听到伊朗方面款项尚未到达的消息时，中国代表成员立即奔赴“能达普”摩托车厂。中国人的突然出现，德方人员甚感吃惊。慕尼黑市债权委员会主管倒闭企业事务的米勒先生面带笑容地接待了中国代表团。他说：“伊朗商人因来不及筹款已提出延期合同的要求。如果你们要购买，请现在就谈判签订合同。”原来，债权委员会已规定，“能达普”的财产必须于 10 月 30 日前出售完毕，以保证债权人的利益。如果逾期，将被迫拍卖，就是把全部固定资产拆散零卖，不仅会使厂方蒙受巨大经济损失，而且将使这个有着 67 年历史的、生产名牌产品的厂化为乌有。我方意识到对方急于出卖的迫切心理，但又不能干闭着眼睛买外国设备的蠢事。经过几个回合的交涉，终于达成了中国专家先进行全面技术考察后再谈判的协议。

25 日早晨，中国专家来到“能达普”厂，对全厂的设备、机械性能、工艺流程进行全面考察，最终结论是：该厂设备先进，买下全部设备非常合算。25 日下午 2 时整，合同谈判在中国专家驻地正式举行。经过紧张的讨价还价，在次日凌晨签订了合同。天津专家团以 1600 万马克(合 500 多万美元)的价格，买下了“能达普”厂的 2229 台设备和全套技术软件。后来得知，这个价格比伊朗商人所需支付的价格低 200 万马克，比另一些竞争对手准备支付的价格低 500 万马克。

做事就是这样，如果你不善于抓住机遇，别人就会抢先一步，想把事情做好，就得做好准备，抓住机遇，把办事的主动权握在自己手里。

## 克服优柔寡断的习惯

遇事优柔寡断，拿不定主意，这是做事之大忌。有人上街要买台彩色电视机，由于价钱较高，又都是名牌，往往反复比较，反复动摇，结果跑了许多家商店，去了许多次，就是决定不下来。心理学家认为，人在做事时所表现出的这种拿不定主意、优柔寡断的心理现象是意志薄弱的表现。

为什么有些人做事易反反复复、优柔寡断？这主要是因为：



1. 心理学认为，对问题的本质缺乏清晰的认识是使人做事拿不定主意并产生心理冲突的原因。只要留心观察，就不难发现优柔寡断多发生在青年人身上，这是因为青年人涉世未深，对一些事物缺乏必要的知识和经验的缘故。

2. 俗话说：“一朝被蛇咬，十年怕井绳。”一旦遇到类似的情景，便产生消极的条件反射，踌躇不已。

3. 一般来说，优柔寡断者大都具有如下性格特征：缺乏自信，感情脆弱，易受暗示，在集体中随大流，过分小心谨慎等等。

4. 这种人从小就在备受溺爱的家庭中长大，过着“衣来伸手，饭来张口”的现成生活，父母、兄弟姐妹是其拐杖。这种人一旦独自走上社会，做事易出现优柔寡断的心理。

5. 另一种情况是家庭从小管束太严，这种教育方式教出来的人只能循规蹈矩，不敢越雷池一步。一旦情况发生变化，他们就担心不合要求，在事情上左右徘徊，拿不定主意。

怎样克服这种做事拿不定主意、优柔寡断的毛病呢？

1. 培养自主、自强、自立的勇气和信心，培养自己性格、意志独立的良好品质。

2. 心理学认为，人的决策水平与其所具有的知识经验有很大的关系。一个人的知识经验越丰富，其决策水平就越高；反之，则越低。这也就是俗话所说的“有胆有识，有识有胆”。

3.“凡事预则立，不预则废”。平时经常开动脑筋、勤学多思是关键时刻有主见的前提和基础。

4. 排除外界干扰和暗示，稳定情绪，由此及彼、由表及里仔细分析，亦有助于培养果断的意志。

优柔寡断还会把你挤到没有机会的死水中。

其实，凡世间众人皆有犹豫，但并非所有情况都会在同时发生，它甚至根本就不会发生，因为犹豫是来自自己的想象，只要有坚强的意志力便能将之克服。若能了解这些，接下来的就只是如何去克服的问题。如果你能再进行下列几种心理建设，则剩下来的问题也将烟消云散。

每当面临一个新机会，在斟酌得失之间，犹豫便会在你的内心里悄然出现，阻挠你制胜的决心。

至于消除犹豫的方法，只有从正面迎击，别无他法。因为犹豫一旦被姑息，便会常留在你身边，把机会从你身边逼走。因此，为能获得机会，就必须先消除犹豫。完成这个步骤，接下来忙不完的工作便会迎面而来，多的使你不得不从中选择机会，也会让你没有时间去考虑害怕的问题。



请牢记，你应正视自己的问题。从正面去尝试解决。譬如你害怕在大庭广众面前发表意见，就应在大庭广众前与人交谈；如果你为了加薪问题想找上司谈判，但因心生胆怯，事情一拖再拖，一直无法获得解决，建议你不妨一鼓作气走到上司面前，开门见山地要求加薪，相信结果一定比你想象得要好。

## 深思善谋，无所畏惧

决策果断是一种优良品质，它甚至可以影响你的一生，决定你的成败。

缺乏这种品质的人，做事没有“心计”，遇事优柔寡断，在做决定时往往犹豫不决，而在下决定之后，又不能坚决执行。缺乏迅速果敢和灵活应变能力的人，只能错失良机。

在《三国演义》一书中，关于诸葛亮果断多谋的故事，有很多描述。

西蜀的街亭被司马懿夺走之后，司马懿又率大军 50 万去夺取诸葛亮驻守的西城。当时城中只有 2500 名老弱残兵，等于一座空城。面对强大的敌人，战也不能战，守也守不住，又不能逃跑，在这千钧一发之时，诸葛亮毫不犹豫地隐匿兵马，城门大开，令少数几个老兵装作平民百姓打扫街道。他自己登上城楼，面对城外而坐，弹琴、饮酒，怡然自得，一派永庆升平的景象。正是这场“空城计”，使司马懿仓皇逃走，诸葛亮扭转了战局，由败转胜。诸葛亮决策果断，堪称典范。

成就果断品质的因素有很多种：

1. 有广博的知识和丰富的经验。谋略与知识是密不可分的，只有知识广博才可能足智多谋。诸葛亮在未出茅庐之时，就上知天文，下晓地理，对大势了如指掌，并根据当时的形势制定了东联孙吴、北拒曹魏、三分天下有其一的对抗战略。因此他能果断地制定“空城计”的谋略也就不足为奇了。

2. 果断的前提是充分熟悉客观情况、认真研究和掌握交往对象的各种情况。曹操率领百万大军进犯江东孙权疆界，东吴朝野上下主战主降者各执一词，孙权也犹豫不决。出使东吴的诸葛亮详细分析了曹操的各种情况。诸葛亮认为，曹操号称百万之师，其实不过四五十万，而且降兵败将多，军心不稳，没有战斗力；曹兵皆北方人，不服南方的气候、水土，不习水战，难以制胜。这样的分析使孙权点头折服，接受了诸葛亮的东吴与西蜀联手抗曹的谋略。这从降到战的转变，正是通过全面分析和充分掌握作战方的情况而制定的。



诸葛亮设计的“空城计”，也正是他经过深思熟虑后对司马懿心理状态的正确判断。正如诸葛亮后来所说：“此人料吾生平谨慎，必不弄险，见如此模样，疑有伏兵，所以退去，非吾行险，盖因不得已而用之。”

3. 对较为复杂的交往活动，为了实现谋略，往往需要同时设想多种方案，以便于主体能选择最有利的交往方案。

4. 要把握时机，果断地作决定。俗语说：“机不可失，失不再来。”交往的谋略要配合一定的机会，一定的谋略需要在特定时间和地点、在特定条件下才能成功，此外谋略也是随着时间、地点、条件的变化而变化的。

做事果断不同于冒失或轻率，果断是经过了深思熟虑、充分估计客观情况之后迅速作出的决定。在条件不足，有时间等待时，积极准备；在情况发生变化时，又善于根据新情况，及时制定新的应对策略。

## 看准的事就行动

有些人最终无法成大事，并不是缺乏创立一番事业的能力，而是因为他们做事判断力差，并且不能把握时机。

目前，社会上最受欢迎的是那些有创造力与非凡经营能力的人。唯有那些有创造性、肯研究问题、善经营管理、有准确判断力的人才能够成就伟大的事业。

一个能迅速而又准确地对事物作出判断的人，他比那些犹豫不决、模棱两可的人的发展机会多得多。所以，请尽快抛弃那些不良习性吧！它只会浪费你的精力。

一个希望能成大事的年轻人，一定要有坚强的意志。在工作之前，必须要确信自己的主意，即使遇到任何困难与阻力，发生任何错误，也不可轻易放弃。我们处理事情时，应该事先仔细地分析考虑，对事情本身及其环境作一个正确的判断，然后再制定决策，而一旦付诸实施，就要全力以赴地去做。



判断力不准确和缺乏判断力的人通常很难决定真正开始做一件事，即使决定开始做了，也往往很难收场。他们的大部分精力和时间，都消耗在犹豫和迟疑当中，这种人即便具备其他成功的条件，也不会真正获得成功。

大凡成大事者须当机立断，把握时机。一旦对事情考察清楚，并制定了周密的计划后，他们就不再犹豫、不再怀疑，而能勇敢果断地立刻去做。因此，他们对任何事情往往都能做到驾轻就熟，马到成功。

造船厂里有一种力量强大的机器，能把一些破烂的钢铁毫不费力地压成坚固的钢板。善于做大事的人就与这部机器一般，他们做事异常敏捷，只要他们决心去做，怎样复杂困难的问题到了他们手里都会迎刃而解。

如果一个人目标明确、胸有成竹，那么他绝不会把自己的计划拿来与人反复商议，除非他遇到了在见识、能力等各方面都高过他的人。一个头脑清晰、判断力很强的人，一定会有自己的主张，他们绝不会糊里糊涂，更不会投机取巧；他们不会犹豫不前，也不会一遇挫折便赌气退出，只要是计划好的事情，他们一定会勇往直前。

英国当代著名军人基钦纳就是一个很好的例子。这位沉默寡言、态度严肃的军人勇猛如狮、出师必胜，他一旦制定好计划，确定了作战方案，就会集中心思运用他那惊人的才干，镇定指挥，而绝不会再三心二意地去与人讨论、向人咨询。在著名的南非之战中，基钦纳率领他的驻军出发时，除了他的参谋长外谁也不知道他要开赴哪里。他只下令，要预备一辆火车、一队卫士及一批士兵。此外，基钦纳声色不动、滴水不漏，更没有拍电报通知沿线各地。那么，他究竟要去哪里呢？士兵们也不知道。战争开始后，有一天早晨6点钟，他忽然神秘地出现在卡波城的一家旅馆里，他打开这家旅馆的旅客名单，发现几个本该在值夜班的军官的名字。他走进那些违反军纪的军官的房间，一言不发地递给他们一张纸条，上面签署了自己的命令："今天上午10点，专车赴前线；下午4点，乘船返回伦敦。"基钦纳不听军官们的解释和辩白，更不听他们的求饶，只用这样一张小纸条，就给了所有的军官一个警告，起到了杀一儆百的作用。



基钦纳将军有无比坚定的意志和异常镇静的态度，但他深知自己在战时所负有的重大使命。因此，他为人处事严谨而端正，公正无私，指挥部下时也从不偏袒，做任何事情非至成功绝不罢手。从这些地方，就可以看出基钦纳将军的伟大魄力和远大抱负。这位驰骋沙场、百战百胜的名将非常自信，做起事来专心致志，富有创意和魄力，也极富判断力，行动果断，为人机警，反应敏捷，每遇机会都能牢牢把握并充分利用。他确实是一个向往获得全面成功者的最好典范。

## 要有果敢的冒险精神

一个积极进取而做事有"心计"的人，就像有一种烈火似的热情，雷厉风行，许多人对此非常羡慕，以为他们在这方面得到了上天的恩赐。实际上，这不过是因为他们专注于一个目标敢于冒险的缘故。

鲁意·佐治便是一个很好的例子。不是很了解鲁意?佐治的人，总会替他担心，恐怕他会从政治的悬崖上跌下来。他们觉得他的那种不顾一切的冒险热情会把他化为乌有，他的政途是一条踩着火焰奔走的路程，一不小心，他便会立刻被大火烧成灰烬。

而他却从没有遇到这种祸害。这又是为什么呢？就是因为在这种始终沸腾的果断后面，他有经过思考沉淀的自信，这使他能在关键时刻、在热情澎湃之时仍能保持头脑清醒、小心机警。“每当我看见鲁意?佐治的果断近乎是冒险的时候，”经常与他在一起的一个老友这样对我说，“我知道，在这种冒险的后面有一种非常冷静而机警的思考。”

没有充分的事实指导你的时候，就是你要格外小心的时候。你对自己能力的信心越大，就越可以去冒险。正如美国电力公司的斯伍上所说：“二加二等于四，这句话你几乎不需要什么勇气就可以说得出来！换句话说，如果你对于你所了解的事实有十足的信心，说出来也就不需要冒多大的险，也就无需非常的勇气了。你根据知识而行动，并非是你对于自身有多大的信心，而是因为你对于事实很有信心。”

如果你觉得一个人的运气似乎很好。你最好是去学学他那种努力考察事实的方法，而不要只求在冒险上比别人更大胆些。当然，如果你掌握了充分的事实，就应该有充分的信心去把它变成现实。

美国的一个海军上尉西姆斯就做得很好。当时，西姆斯是处于一种无权发言的地位，但是，因为他所知道的事实，刺激着他不得不说。本来不该说的他说了，然而最终他也胜利了。当时的美国海军还没有找到一种训练打靶的好方法，这使得许多海军士兵不能自信射中任何物件。而在别的地方，一位名叫司各脱的队长发明了一种训练打靶的方法，西姆斯觉得那种方法能够有效地训练炮手，能让他们射得很准确，还可以节省很多火药。

西姆斯果断地向他的长官报告了他的想法，但是没有得到许可。接着他又向更高一级的长官报告，还是被打了回来。最后，他便直接写信给罗斯福总统。一个上尉竟然做出这样的事来，按道理来讲是极不合法的。军队一向以纪律严明著称，一切往上的信札，都必须先经过最接近的长官，然后再层层上报。西姆斯先是给海军部长写信，然后又直接写信给大总统，这种行为按照当时的军规已经是很大的错误了。

虽然如此，他终究还是胜利了。罗斯福总统决定给这个上尉一个机会，于是西姆斯在一个海域里立起了一个大靶子，开始让各种船只用旧方法向靶子开炮射击，但是一直打了5个多钟头，一炮也没有打中。西姆斯向总统证实了他的看法——老方法根本就行不通，而必须采用一种准确的、系统的训练射击的方法。他成功了，并且还得到了罗斯福总统的赞许。如果他只想哗众取宠来提高自己的声誉，而事先并没有对事实充分的把握，那么结果又会不同了。

归根到底，人生就是把你所计划的事情付诸实施的一系列过程。当然，你不可能知道事情将来的结果会怎样。如果你经过了冷静的思考，认为值得去做，那么就不要犹豫，果断作出决定，有风险才有成功的机会。

无论你是不是一个偏向于冒险的人，做事时都要有点"心计"，生命何其短，不如让果断与冒险同行，勇敢地拼一把，千万别空留遗憾！

## 走在时代的浪尖上

第二次世界大战之后，是美国经济平稳、快速发展的时期。大多数美国人也开始利用这一段有利时机大力发展自己的事业。



在这种背景下，威尔逊从军队退役回家，在家乡做起了小商品零售业务，但由于经营不得法，生意很不好，在短短的一年中，他已赔掉了十几万美元。

有一天，心情极度沮丧的威尔逊正在孟菲斯市郊区散步。突然，他看到这里有一块荒废的土地，由于地势低洼，既不宜耕种，也不宜盖房子，所以无人问津。就在这时，一个绝佳的投资计划在他的头脑中形成了。于是，他连忙向当地土地管理部门打听，看看能否以低价收购这块土地。

得到有关部门肯定的答复后，他立即结束了自己零售商的业务，以低廉的价格买进这块低洼的地皮。

可是，包括他母亲在内，所有的亲朋好友都对他买进这样的一块地皮表示怀疑。他们对威尔逊说："我们不了解你这样做的用意究竟何在？"

"我不太会做零售生意，"威尔逊说，"我想再干我的老本行——盖房子。"

"做你老本行我不反对，"他母亲也在一旁插嘴说，"可是，像你这样乱投资地买这块地皮是毫无道理的。虽说价钱的确很便宜，但买下这样的一块废弃而毫无价值的土地在手上，再便宜又有什么用呢？况且，那块地皮太大，整个算起来也要不少的钱，利息的负担也是一笔很大的损失。"

"亲爱的妈妈，这种事我无法向您解说，请您不要再操心了。我做了这么多年的生意，我的判断不会比您差，有一天，您会了解我的做法。"

"我倒不是干涉你的决定，"母亲接着说，"我只是提醒你，你的资金不多，要做最有效的利用。"

"是啊，"威尔逊的太太也在一旁帮腔，"你已经赔掉了十几万，不能再胡乱冒险，难道我们这么多人的智慧不如你一个人？"

"这不是人多人少的问题，亲爱的，"威尔逊笑着说，"因为你们都不大懂这一行生意，所以说的大都是外行话。就像你常跟孩子们说的故事中的那个所罗门王一样，他一个人的智慧大，还是大家的智慧大？"

"你又要讲歪理了，"他太太被他逗乐了，也笑着说，"可惜你不是所罗门王。"

"在你们当中，谈用地皮造房子，我就是所罗门王。"

"反正你决定的事，别人想反对也是白搭，"他母亲接过话头，叹息着说，"你小时候就是这个样子，不知你哪一年才能改得缓和一点，听听你太太的话？"

亲友们都起哄笑了起来，年轻的威尔逊太太羞红了脸，低垂下头。



"我要是不听她的话，她怎么会跟我结婚？"威尔逊打趣地说。

亲友们被他逗得更乐了，在笑声中，一场争执烟消云散。而三年之后，事实证明了威尔逊这次的投资是何等地正确。

战后美国经济的繁荣，使孟菲斯市的人口大增，市区也迅速扩大起来。威尔逊买的那块地皮成了城市主干线延伸后的黄金地带，这时候人们才看出此地的环境是如何幽美。

宽大的密西西比河从它旁边流过，望着那滚滚逝去的流水，再颓丧的人也会被大自然雄奇壮丽的景色激起满腔的雄壮豪迈之情。

威尔逊的这块地皮此时已身价百倍，但他并不急于脱手，也未在上面建造房屋，这似乎又是一个令人高深莫测的做法。

他的太太实在沉不住气了，私下里问他："这块地皮你究竟作何打算？就这样摆在那里也不是长久之计吧？"

"我知道，"威尔逊说，"可是，到现在为止，我还没有想出一个适当的利用方式来，因为那地方实在太美了。"

"为什么不盖公寓楼，然后出售呢？"

“那太可惜了，”威尔逊说，“你想想看，如果在孟菲斯市进口的地方盖上一座公寓，住进一些三教九流的人物，对这个都市不是一种羞辱吗？我想，我要做的事应当是既对得起自己，又对公众有益的事。”

“你想得太多，” 威尔逊的太太笑着说，“我不再催促你赶快将这块地处理掉了。我突然觉得我对这块地发生了一些微妙的感情，我相信你最终会做出最适当的处置。”

不久，威尔逊终于在这个地方创办了著名的假日饭店。

在他看来，住惯了高楼大厦、吃腻了加工食品的城市居民们，大都有厌烦都市生活的心理，因此他们乐于在节假日期间回到大自然的怀抱中，呼吸一些新鲜空气，一面观赏大自然的美丽风光，一面在这青山绿水之间放松自己疲惫的身心。

而在威尔逊的假日饭店中，他为人们所提供的是具有浓郁乡土气息的地道农庄建筑，再加上农家生产的蔬菜、瓜果等食品，为久居都市的人带来了一股清新的气息。



因此，它一诞生，就受到了人们热烈的欢迎。很快，威尔逊首创的这家假日饭店就发展到相当大的规模，也为他自己带来了巨大的经济效益。威尔逊也实现了他自己的诺言，既方便了他人，又为自己带来了利润。

在瞬息万变的商业市场上，有利的商机随时都可能变为不利的，不利的商机也有可能在短时间内变为有利的机遇。关键在于，做事要有“心计”，自信而不固执，冒险而不冲动，执著而不盲目，如此才能像威尔逊一样成就一番大事业。

## 只有迅速，才能占先

1875 年春天。

美国实业家亚默尔像往常一样在办公室里看报纸，一条条的小标题从他的眼前溜过去。突然，他的眼睛发出了光芒，他看到了一条几十字的时讯：墨西哥可能出现了猪瘟。

他立即想到：如果墨西哥出现猪瘟，就一定会从加利福尼亚、德克萨斯州传入美国，一旦这两个州出现瘟疫，肉价就会飞快上涨，因为这两个州是美国肉食生产的主要基地。

他的脑子正在运转，手已经抓起了桌子上的电话，问他的家庭医生是不是要去墨西哥旅行。家庭医生一时间弄不清楚什么意思，满脑子的雾水，不知怎么回答。

亚默尔只简单地说了几句，就又对他的家庭医生说："请你马上到野餐的地方来，我有事要与你商议。"

原来那天是周末，亚默尔已经与妻子约好，一起到郊外去野餐，所以，他把家庭医生约到了他们举行野餐的地方。

他、他的妻子和他的家庭医生很快聚集在一起了，他满脑子都是这件事，对野餐失去了兴趣。他最后说服他的家庭医生，请他马上去一趟墨西哥，证实一下那里是不是真的出现了猪瘟。

医生很快证实了墨西哥发生猪瘟的消息，亚默尔立即动用自己的全部资金大量收购佛罗里达州和德克萨斯州的肉牛和生猪，很快把这些东西运到美国东部的几个州。

不出亚默尔的预料，瘟疫很快蔓延到了美国西部的几个州，美国政府有关部门下令一切食品都要从东部的几个州运往西部，亚默尔的肉牛和生猪自然在运送之列。

由于美国国内市场肉类产品奇缺，价格猛涨，亚默尔抓住这个时机狠狠地发了一笔大财。在短短的几个月时间内，他就足足赚了 100 万美元。

他之所以能够赚到这样一大笔别人没有赚到的钱，就是因为他比别人更能准确地把握商机，一旦发现商机就果断出击，绝不手软。

不仅商业上如此，把这一理论推导至生活的方方面面也一样运用。这便要求我们做事要有"心计"，当千载难逢的机会来临时，要主动出击，迅速抓住它，让它成就你的事业和人生。

## 把握时机，做对事情

机不可失，失不再来，做事时如果犹豫不决、当断不断，那你最终只会一败涂地，甚至无立身之处。

因此，斩钉截铁、坚决果断是做事有"心计"的人必备的素质之一。当然，这里说的当机立断，首先指的是认准行情、深思熟虑后的果敢行动，而不是心血来潮或凭意气用事的有勇无谋。宋人张泳说："临事三难：能见，为一;见能行,为二;行必果决,为三。”当机立断的另一方面,并非仅仅指进攻和发展。有时,按兵不动或必要的撤退也是一种果敢的行为。该等待观望时就应按兵不动,该撤退时就应该撤退,这也是一种当机立断的行为。

最让人感慨的当是“夜长梦多”这一俗语了。夜长梦多,指的是做某些事,如果历时太长,或拖得太久,就容易出问题。

“夜长”了,“噩梦”就多,睡觉的人会受到意外的惊吓,反而影响了睡眠的质量。同理,做事犹犹豫豫,久不决断,也会错失良机,“失时非贤者也”。

拿破仑穷兵黩武,征战欧洲,不可一世,但后来却有了“滑铁卢”之悲剧;希特勒疯狂地侵略他国,得到的却是国破家亡。这都是由于:

1. 他们没有认清战争的害处;

2. 他们不懂得“夜长梦多”的真正内涵。

中国人向来讲究不温不火、从容自若、慢条斯理的做事态度,大难临头,“刀架脖子上”也能泰然处之。能够做到这样,才算得上气宇大度的君子。然而,这并不是说中国人就喜欢做事拖拉,或不善于抓住战机。事实上,中国人在追求和谐、宁静、优雅的同时,无时不在潜心于捕捉机遇。



有一种“无为而治”的政治哲学。从表面上看,它似乎也是悠哉游哉的处世信条,但其内涵远非字面那么浅显。所谓“无为”并不是单纯的“不为”,而是“谋略权术”之极为,它无时不在宁静的外表下进行频繁的权谋术数的操作。

打个比方,一个车轮,以极快的速度旋转,似乎就看不到它在旋转了,抑或看到的是倒转,“无为”就是这种状态,“无为”才能“无不为”。因此,做事要有“心计”,要快速决断,不要犹豫、踟蹰,当断则断是做事成功的大智慧。

## 以快打慢多胜算

佐佐木基田是日本神户的一位大学生, 他毕业后在一个酒吧打短工时,遇到一位中东来的游客阿拉罕,二人说话很投机,于是游客慷慨地送给他一只很有特色的奇妙的打火机。

这只打火机妙就妙在：每当打火，机身便会发出亮光，并且随之出现美丽的图画；火一熄，画面也便消失。

佐佐木反复摆弄、玩味，觉得十分新奇。于是他向阿拉罕打听这种打火机是哪里生产的，阿拉罕回答他是在法国买的。

佐佐木灵机一动，心想要是能代理销售这种产品，一定会受很多人尤其是年轻人的欢迎，肯定还能赚一笔大钱。他一面想，一面就行动起来。他想办法找到这种法国打火机的制造商地址，写信给他，十分恳切地要求代理这种产品。最后，他以 1 万美元获得了这种打火机的代理权。

当佐佐木敲定打火机代理权时，日本也有几个商人想获取这种打火机的代理权，结果让名不见经传的佐佐木捷足先登取得了。若佐佐木没有领先一步，他很可能竞争不过其他有代理商品经验的商人。在推销打火机的过程中，佐佐木不停地想想这，想想那，受这种神奇打火机的启迪，他的灵感再次触动，想到了成人玩具，于是下决心发展成人玩具事业。

他从探究法国打火机的诀窍入手，先掌握其窍门，再进行改造，并由打火机推及到水杯等，设计制造了能够显示漂亮画面的水杯产品，大受日本人欢迎。



他造出的这种水杯，盛满一杯水时便出现一幅美丽逼真的画面，随水位的不同，画面也发生变化。人们用这种杯子品茶闲谈，简直是一种享受，于是都对这种杯子爱不释手。

佐佐木积累资金后开办了一个成人玩具厂，专制打火机、火柴、水杯、圆珠笔、钥匙扣、皮带扣等有特色的产品。这些产品市面上不是没有，但佐佐木总是先人一步，在某项功能或某种款式上下工夫，做到人无我有，人有我优。总之，要弄得有别于他人。他凭着才气和灵活的头脑，赤手空拳闯天下，终于由一个穷书生变成了腰缠万贯的富翁。

奇妙的打火机引导着佐佐木走上了神奇的发家之路。

"先发制人"是指比对方抢先一步，也就是"以快打慢"的手段。以快打慢即像佐佐木一样抓住转瞬即逝的机会，实现事业腾飞。

## 机会来了不放过

时下，经济运行体制在告别计划经济，走向市场经济。但长期以来形成的产品经济模式和官商经营作风，仍像幽灵一样纠缠着许多经营者，致使很多企业内部人员缺乏灵敏的市场触觉，不能把握变幻莫测的市场动态，决策时犹豫不决，不敢“狠”；决策之后又办事拖拉，不能“狠”；有时由于企业的“婆婆”多，要左请示、右汇报，一个决策要经过没完没了的讨论研究和批准；也有一些企业家目光短浅，不肯吃眼前的小亏，这样往往坐失良机。

人们明白，时光不会倒流。“时间就是金钱”，在激烈的市场竞争中，这句话虽已成为老生常谈，却是铁的原则。每一个商战机会都伴有一定的时效性，所以精明有“心计”的经营者一旦发现这样的机会，就会以最快的速度、最“狠”的手段开发它、利用它。

机不可失，失不再来。商战中，有“心计”的经营者总感觉到，机遇总是那么来去匆匆，一闪即逝。商战机遇一旦失去，就无法补偿，无法追回。

《韩非子》一书中，有一则“郑人卖豕”的故事，就是描写郑国一个商人由于不懂抢时间做生意的道理，把一桩好买卖白白丢掉的经过。它从反面论证了“商贵神速”的道理，同时也说明了缓慢拖沓的严重危害。

一次，一位郑人前去离家较远的集镇上卖猪。当他走到时，已是红日西坠了。恰好有一个收购毛猪的商贩见到他赶着一群猪从街头走到客店门前，心想买猪的生意来了，如能马上成交这笔生意，明日就能赶回家中，还误不了拿到早市上去贩卖。猪贩子急忙找到郑人进行洽谈。哪料想郑人见有人来买猪，却十分生气地嚷起来：“你这伙计好不懂事，我从很远的地方来这里，天又这么晚了，哪里有功夫和你说话呢？”说着，狠狠地瞪了猪贩子一眼。猪贩子再三要求郑人：“生意人的目的是为了成交买卖，哪里还能分天色早晚！”但郑人仍毫无理会这一套，气呼呼地把猪赶进了客店。结果，一桩到手的生意硬是让他给弄丢了。至于猪进了店需要花费多少店钱和饲料，他却压根儿也没有想一想。



做生意的目的，是为了尽快把商品推销出手，加速资金周转，多赚钱。拖延一天的时间，就会多占压一天的资金。商品长期压在手中，资金则会减少生息。郑人由于时间观念淡漠，不了解时间在经商中的重要作用，更不会用时间去实施竞争战术，他甚至忽视了时间和经营的关系，把卖猪与时间早晚对立起来。就这样，找上门来的买卖被他自己搅黄了。

有丰富实践经验的生意人是绝不会这样愚蠢的，他们把争取时间作为在竞争中取胜的一大法宝。故事中那位猪贩子就很懂得快购快销可以尽早生利的道理。他早一点买进就可以赶早市，等于争取了一天时间，也等于资金周转加快了一天。利润率是与资金周转成正比的，周转快则利润率高，加快一天周转，就等于多赚了一天的资金利息。快购快销具有推动资金增值的神奇力量。

上面提到要快速而又心“狠”地抓住有利的销售时机，对生意人来说就是一种机遇。机遇是乔装的财神，它会迎面而来，也会擦肩而过。要觉察它却不那么容易，必须培养敏锐的洞察力，具备了这种能力，才能准确地抓住机会。

“他的运气比我好。”看到别人事业发达，人常常为自己的不景气而发出这样的喟叹。事实上，问题不在于机遇不垂青于他，而在于他缺乏一种灵敏攫取的意识，贻误了时机，以致抱恨终身。

在商场上，时机对于任何人都是一视同仁的，而人对时机的利用则不尽相同。有人视而不见，无动于衷；有人见之不放，机遇独得；有人优柔寡断，坐失良机；有人伺机奋起，一鸣惊人。其关键还在于如何捕捉时机，能不能利用时机。

不过，时机的显露常常是朦胧而模糊的，唯有目光敏锐的人，才能透过现象看到本质，抓住拓展事业的绝好机会。反过来说，正是因为时机不易判断和把握，也才给精于此道的人带来大发利市的机会。如果人人都看得出、拿得准，那也就不叫什么时机了。所以认准了，就千万不要放过。



商战如兵战。经营者在风云变幻的商海竞争中，一旦看到机会，就必须当机立断，该攻就攻，甚至要连续攻击，该收场就收场，哪怕是匆匆忙忙。当断不断，该及时收而不收，不该攻时而攻，不该收场时收了场，同样会遭到损失。商战的残酷，客观上不仅要求经营者对世态商情作清醒判断，当机立断，不允许拖拖拉拉而坐失良机，更要求经营者是一位观察家，要随时把握客观形势及其各种力量的对比变化，透过现象看本质。抓住机会才能心想事成。

## 机遇不会光顾没准备的人

纵观古今中外，凡是成大事者之所以能够获得命运的青睐，是因为他们能牢牢抓住机遇。

机遇只偏爱那些做事有“心计”并为事业的成功做了最充分准

备的人。

只有做事有“心计”的人才懂得积累实力，而当他们自身的实力积累到一定程度时，机遇便会自动登门拜访。

“机遇只偏爱有准备的头脑”是一句早为人们耳熟能详的名言，其中所包含着的朴素真理再次为人力资源以及人才调查中心的分析报告所证实。

我们发现成大事的人之所以能够获得命运的青睐，能在机遇来临之时牢牢地抓住机遇，就是因为他们较之常人为此进行了更为充分的准备。他们就像一颗颗种子，在黑暗的泥土中积蓄营养和能量，一旦听到春风的呼唤，就会破土而出，长成挺拔的栋梁之才。

这就很好地解释了这样一些问题，即为什么有的人总能得到比别人更多的机遇；为什么面对同样的机遇有人成功了有人却失败了；为什么有些资质原本不好的人却能得到命运的垂青，而某些天资甚佳的人却最终庸碌无为；为什么成功者总显得比别人幸运等等。

这些问题的回答都可归结为一句话，那就是：机遇只偏爱那些为了事业的成功做了最充分准备的人。换句话说，只有在“万事兼备”的情况下，东风才显得珍贵和富有价值。



从某种意义上讲，机遇是人创造出来的，是人的主观能动性和外界环境变化的客观必然性的结合。主观方面条件的增强会影响到客观环境的变化，使好的机遇更容易产生。同样，当一定的客观机遇已经出现后，那些不断在提高自身素质方面进行努力的人则要较之常人更容易接近和抓住这些机遇。

可以说，没有他们的这些主观努力，就不会有这么多的良好机遇。从这个角度上说，机遇是那些有准备的人创造出来的，是对其努力的一种肯定和回报。

我们还发现，虽然命运有时是不公正的，那些毫无准备的人也会获得某种机遇，但从长远来看，这些人很少能有所建树。而在我们视力所及的当代名人的成功史上，无不记载着人们为迎接机遇所做的种种准备。

但命运是常爱捉弄人的，由于客观原因的限制，并不是每个人都能从事自己心爱的职业。

当面临这种情况时，有人将之视为不幸，而有人却将之视为机遇，他们能重新调整自己的人生目标，不怨天尤人，也不消沉沮丧，而是以"既来之，则安之"的心态，干一行，爱一行，把精力投入到所从事的新领域，从而开创出一番崭新的事业。

我们发现，"把不幸也当作是一种机遇"，这种积极的人生态度是成功者的一大秘诀。

许多成功者不仅是开拓机遇、捕捉机遇的能手，而且还有发掘潜能、高效运用机遇的能力。他们的成功启示我们，一定要提高机遇的利用率，把机遇发挥到最大值。

有的人一生中曾有过许多很好的机遇，但他们不懂得充分利用这些机遇，结果丧失了使自己的事业"更上一层楼"的机会。也有的人抓住了机遇，但是并未理解到这一机遇的全部内涵，因此他们有可能取得一定的成功，但仍不免留下诸多遗憾。

的确，只有爱思考的人、做事有"心计"的人，才能充分地获得机遇，给人生点亮一盏明灯。



## 做个善抓机会的有心人

如果你想成大事，就必须研究你自己和你自己的需要，做个有心人。不要等待千载难逢的机会，要用点"心计"去抓住平凡的机会而使之不平凡。

机会在我们周围到处都有。例如，一个善于观察的人发现自己的鞋跟被拉了出来，可因为买不起一双新鞋，便思忖："我要做个可以镶到皮革里的带钩的金属圈。"当时他贫困潦倒，连割房前的草都要向别人借镰刀，而就靠着这项小发明他成了一位富翁。新泽西的纽瓦克有一位善于观察的理发师，他觉得理发的剪刀有待改进，便发明了理发推子，由此发了大财。缅因州有位男子不得不帮助卧病在床的妻子洗衣服，他感到传统的洗衣方法既耗费时间，又消耗体力，便发明了洗衣机，这样他也成了富翁。有一位先生受尽牙痛之苦，心想应该有一种方法把牙塞上来止痛，便发明了黄金塞牙法。

成就大事业或有重大发明创造的人并非财大气粗之辈。第一台轧棉机是从一个小木屋里制造出来的；麦考密克在小磨房里研制出著名的收割机;第一个干船坞模型是在一间楼阁内制作的;位于马塞诸塞州沃塞斯特的克拉克大学创办者克拉克靠着马厩里制作玩具马车发财;爱迪生早在当报童时,就已藏在行李车厢内开始了他的实验。

米开朗琪罗在佛罗伦萨街边的垃圾堆里捡到一块被人扔掉的卡拉拉大理石,这块大理石是被一个不熟练的工人在切割过程中损坏的。无疑也有其他艺术家注意到了这块品质优良的大理石,但因其被损坏,所以只剩下了痛惜。只有米开朗琪罗看到这块废弃的大理石中的天使,用凿子和锤子创作出人类历史上最优秀的雕像之一——《年轻的大卫》。

帕特里克?亨利年轻时被人视为懒惰的废物,务农、经商均一事无成。他学习了 6 个星期的法律便挂出营业招牌,在打赢第一场官司后,他觉得自己即使在家乡弗吉尼亚也能获得成功。英国当局通过印花税条例后,亨利被选入弗吉尼亚州议会,提出了反对这一不公平征税的法案。他终于成为美国最出色的演说家。

伟大的自然哲学家法拉第是铁匠的儿子,年轻时写信给汉佛里?戴维申请在英国皇家学会谋职。戴维就此咨询了一位朋友:"这有一封名叫法拉第的年轻人的来信,他一直在听我的课,想让我为他在皇家研究院找个工作,我该怎么办?""怎么办?让他去刷瓶子,他要是能有什么出息,就会立即去干,他要是不会有出息,就会拒绝。"结果,这位年轻人在工作中利用抽出来的时间在药房的顶楼内用旧坩埚和玻璃瓶做实验。由此看来,刷瓶子的工作也有机会,而正是这样的机会使法拉第终于成为伍尔维奇皇家学会教授。廷德尔谈起这位年轻人时说:"他是人类历史上最伟大的实验哲学家。"法拉第成为那个时代的科学奇人。

有一个传说,讲的是一位艺术家一直想找一块檀香木来雕刻圣母像。就在他近乎绝望、以为自己的构思即将落空时,他做了一个梦,梦中被吩咐用一块烧火用的橡木雕刻圣母像。醒来后他立即照办,用一段普通的木柴创作出一个雕刻史上的杰作。许多人一心想找到檀香木用来雕刻,因此错过了许多宝贵的机会,实际上,我们烧火用的普通木材就可以创作出杰作。有人虚度人生,从来看不到成就一番大事业的机会,而有人却站在旁边,在同样的条件下发掘机会,取得了辉煌的成就。

我们不可能人人都像牛顿、法拉第或爱迪生那样有伟大的发现,也不可能像米开朗琪罗或拉斐尔那样有传世之作,但我们可以抓住平凡的机会并使之不平凡，进而使我们的人生变得更美丽。

## 希尔顿的眼力

希尔顿是一个非常聪明而又懂得把握和利用机会的人，他作为希尔顿饭店的创始人，早期就是因为买下华尔道夫旅馆而闻名的。

从那以后，希尔顿成了“希尔顿旅馆公司”和“希尔顿国际公司”的董事长和总裁。在他的名下有近百家旅馆，从天涯到海角，都挂着希尔顿的旗帜。他现在在海外的旅馆，比在美国本土的还多。

在很久以前，拥有华尔道夫旅馆是希尔顿多年来的梦想，他把它看成世界上最伟大的旅馆。那些优雅的大房间曾经住过许多皇族。当别人打电话过来找“国王”，华尔道夫的电话接线生必须问“请问是哪一位国王”。但是这家旅馆却破产了。他 1942 年购买华尔道夫股票时，每股才值 4.25 美分，糟糕到如此境地。但希尔顿真正决定要买华尔道夫是 1949 年的事。

然而，希尔顿的理事会的那些理事却不能分享他的狂热，大都表示反对，而希尔顿虽身为希尔顿旅馆公司的董事长，但没有理事的同意，却也不能以公司的名义买下。



希尔顿没有因此退却，因为他知道拥有这样一家旅馆将会为他带来多大的价值。他想：“我可以像 30 年前在德克萨斯州西斯柯那样做，我可以自己买下来，把我的看法推销给那些能够有我这种想法的人。”

因此，希尔顿开始以过去的那种熟悉的老方式着手去做，他打电话给拥有华尔道夫股票的人中的老大。

“我今天就能开个价钱，”希尔顿说，“我什么时候过来呢？”

当天下午，他走进那老大的办公室，要以 12 元一股买下 249042 股——这是控制股的数目。

“这个价格 24 小时之内有效。”希尔顿说。然后，他给了一张 100 万美元的支票押金。

那人接受了希尔顿的价格。而希尔顿要买下华尔道夫还差 300 万美元。

希尔顿便去找别人筹钱。他对他们说：“你要投资 25 万美元跟我一起买下华尔道夫吗？我不想让给你，实在没有办法的话也可能要让给你。”那些人都说:“好的。”

正在筹钱的当儿,希尔顿的理事们说:“你这样做是不应该的。既然你已做到这种地步,这个旅馆必须属于希尔顿旅馆公司才行。”

于是,公司便筹出余下的钱,了却了希尔顿的心愿。

1954 年,希尔顿又以巨额资金买下了史达勒连锁旅馆,但差点儿就迟了。

当时,盛普和那普公司的舍肯多夫也想买下史达勒连锁旅馆,而且投了标,押下了 100 万美元。

史达勒先生离开康乃尔大学之后,史达勒夫人就控制了公司不少股票,她还控制了孩子们的股票。因此,在希尔顿决定捷足先登以后,马上打电话给在纽约的佐毕斯——当时希尔顿公司的副董事长。希尔顿问道:“史达勒夫人在什么地方?”

“她在这儿,不过她正要走。”

“留住她,我要见她。我会立刻动身。”这时希尔顿还在加利福尼亚州。

佐毕斯回电话说:“她会在这儿等你。”



希尔顿记起控制股份的人总共有 3 个,于是希尔顿想:啊,我不能在这胡搞,如果我想得到这些连锁旅馆,动作就要快。

回到纽约,他对史达勒夫人说:“你会支持我的投标吗?我给你的这个标,将会比你目前得到的更好。”

她说:“好的。”没想到这样顺利,妙极了。

希尔顿的出价与舍肯多夫的一样,高达 1.1 亿美元,但他拿出了 7000 万美元作押金,而不是 1.1 亿美元。

因此,希尔顿又完成了当时历史上最大的一笔房地产交易。希尔顿正是借此良机,实现了事业道路上的辉煌转折,从此闻名于世。

机会永远只属于那些做事有“心计”并善于用头脑去思考的人。

## 抉择机遇

每个人也许一生中只有一次或两次的重大机会,而抓住这一机会可能就会改变你的命运。做事有“心计”的比尔?盖茨正是善于抓住了这一机会,从而发展壮大了自己的事业。

1980 年 7 月的一天，天气炎热难熬，而工作狂盖茨仍旧在他的办公室闭门为一家名叫“阿塔里”的公司研制一种 BASIC 语言，以便第二天与这家公司的董事长进行商谈。

突然，他接到一个神秘的电话，对方称自己是国际商务公司代表，要盖茨尽快安排一次会晤。

“时间定在下个星期怎么样？”盖茨漫不经心地问。

那位商务公司的代表回答说：“2 个小时后我们的人就要乘飞机到你那儿去，明天到。”

盖茨这才感到事情非同小可，一家年营业额达 280 亿美元的巨型企业，居然愿意与微软这个小公司商谈业务，而且对方又显得那样急迫，这是盖茨始料未及的。

尽管盖茨尚不清楚将要与国际商务公司谈判的具体内容，但直觉告诉他：微软公司的发展机会到来了。他马上答应了对方的要求，并立即通知秘书取消第二天和“阿塔里”公司董事长的约会。

国际商务公司由于其著名标志采用蓝色，公司职员常穿着蓝色西服，加上在 30 年间非凡的成功，常常被人恰如其分地称作“蓝色巨人”，特别是国际商务公司的英文缩写 IBM 已成为计算机业界的标志。IBM 已成为计算机的代名词。



IBM 一向以稳健著称。在微电脑市场群雄逐鹿、如火如荼的年代里，IBM 公司一直远离烽火之外，固守其巨型计算机的领地。

然而，“将计算机还给人民”的微电脑浪潮势不可挡，很快，个人计算机已不再是电脑“发烧友”的玩意儿，从车库里诞生的苹果计算机正在领导着一场计算机的群众运动。这无不强烈地冲击着想在计算机领域里独揽一切的 IBM。“蓝色巨人”迈向微电脑市场的一天终于到来了，因为那里有取之不尽的财富，诱惑力实在太大！

“为什么我们 IBM 不能拥有最好的微电脑呢？”

IBM 总裁约翰?奥佩在 IBM 的一次高层会议上这样发问，他认为研制个人电脑的时机到来了。他深感如果依旧沿袭“蓝色巨人”昔日的组织结构和企业文化，还是搞不出成功的个人计算机的。他决定突破 IBM 的传统框架，另外成立一个部门全权负责个人电脑生产、程序开发及销售，这个部门也有选择权，可以决定跟 IBM 公司以外的任何软件、硬件生产或销售商合作。

IBM公司确定了进军微电脑市场的方案，把这个方案取名为："跳棋计划"。计划的领导人杰克?山姆组建了由13名IBM精英组成的"跳棋计划委员会"。他们首先研究苹果公司成功的原因，有两点十分明确：要用不断更新的更先进的芯片来装备产品，同时，要开发自己的软件操作系统，建立相对开放的软件流通环境。

于是，英特尔公司和微软公司成为IBM"跳棋计划"合作的候选人。盖茨终于等来了机会，而他更精明地抓住了机会，并成功进行了关键性的一跃。

## 看到别人看不到的财富

作为一个颇有"心计"的企业管理者，要想使自己经营的事业赢得市场，就必须使自己的"生意"给人们带来利益。凡是能给人们带来利益、提供服务的"生意"应该说是有市场的。那么怎样为人类提供一种服务、带来一些利益呢？用浅野总一郎的话说就是利用一切东西。世界上没有一件无用的东西，经营者想经营企业都必须学会"善假于物"。



日本水泥大王，浅野水泥公司的创建者浅野总一郎，他23岁时穿着破旧不整的衣服，失魂落魄地从故乡富士山走到东京。因身无分文，又找不到工作，有一段时间每天都陷在半饥饿状态之中。"干脆卖水算了。"他灵机一动，便在路旁摆起了卖水的摊子，生财工具大部分都是捡来的。"来，来，来，清凉的甜水每杯1分钱。"浅野大声叫喊。果然，水里加一点糖就变成钱了。头一天所卖的钱共有6角7分。这最简单的卖水生意使这位吃尽千辛万苦的青年不必再挨饿了。浅野日后成为大企业家，就是由于他对任何事物都能够好好地加以利用。浅野曾说："在这个世界上没有一件无用的东西，任何东西都是可以利用的。"浅野卖了2年水，25岁时已赚了不少的钱，于是开始经营煤炭零售店。30岁时，当时的横滨市市长听到浅野很会使无用的东西产生价值，就召见他说："你是以很会利用废物闻名的，那么人的排泄物你也有办法利用吗？"浅野说："收集一两家的粪便不会赚钱，但是收集数千人的大小便就会赚钱。"市长问："怎么样收集呢？"浅野说："建个公共厕所，我做给你看，好不好？"这样浅野就在横滨市设置了63处日本最初的公共厕所，因而他就成了日本公共厕所的始祖。厕所做好之后，浅野把汲粪便的权利以每年4000日元的低价卖给别人，2年后设立一家日本最初的人造肥料公司。也许你会感到震惊，设立日本最大的水泥公司——浅野水泥公司的资金，就是从这些公共厕所的粪便上赚来的！

毫无“心计”之人的目光总是盯着“黄金”、“白银”，做着发财的美梦，而做事非常有“心计”的浅野总一郎抓住眼前切实的时机，开垦发展事业的沃土，终于成就了自己的辉煌。

## 看到小亏背后的大便宜

有“心计”的生意人在做事时最需要的是什么？是时机。以下的这个故事就说明了这一点。日本绳索大王岛村芳雄当年到东京一家包装材料店当店员时，薪金只有1.8万日元，还要养活母亲和3个妹妹。因此，他时常囊空如洗。但他却是个极其有“心计”的人，他时刻都在寻找一个机会作为成功的突破口。



有一天，他在街上漫无目的地散步时，注意到女性们，无论是花枝招展的小姐，还是徐娘半老的妇人，除了都带着自己的皮包之外，还提着一个纸袋，这是买东西时商店送给她们装东西用的。他自言自语：“嗯！这样提纸袋的人最近越来越多了。”岛村芳雄这样一想，整个心就被纸袋和绳索占住了。2天后，他到一家跟商店有来往的纸袋工厂参观。果然，正如他所料，工厂忙得不可开交。参观之后，他怦然心动，毅然决定无论如何非大干一番不可。因为他相信将来纸袋一定会风行全国，做纸袋绳索的生意错不了的。岛村虽然雄心勃勃，但身无分文，无从下手。他知难而上，决心紧紧地抓住这个机会。以后几天，资金问题一直困扰着他，最后他决定到各银行试一试。一到银行，他就为纸袋的使用前景、纸袋绳索制作上的技巧、他的原价推销法及这个事业的展望等说得口干舌燥，但每一家银行听了他的打算之后，都冷冷淡淡地不愿理睬他，有的银行甚至把他当成疯子。他决定把三井银行作为目标，连续不断地前去展开攻击。然而，疯人般的热心在三井银行也没有得到同情，起初态度冷淡连他的话都不愿听的职员们，过了几天，对他的蔑视态度就逐渐表面化，终于耐不住厌烦地大发脾气，一看到他就怒目而视。有时他一来，大家就发出一阵哄笑来取笑他，有时干脆把他赶出去。

皇天不负苦心人，前后经过 3 个月，到了第 69 次时，对方竟被他那煞费苦心、百折不挠的精神所感动，答应贷给他 100 万日元。当朋友和熟人知道他获得银行贷款 100 万日元后，纷纷给他支持。就这样，他很快就筹集了 200 万日元的资金。于是，岛村辞去了店员的工作，设立“凡芳商会”，开始绳索贩卖业务。他深信，虽然他的条件比别人差，但用自己创新的“原价推销商法”干下去，一定能在竞争激烈的商业界站稳脚跟。

首先，他前往产麻地冈山的麻绳厂，将该厂生产的每条 45 厘米长的麻绳以 5 角钱大量买进，然后按原价转卖给东京一带的纸袋工厂。这种完全无利润反赔本的生意做了 1 年之后，“岛村的绳索确实便宜” 的名声远扬，成百上千的订货单就从各地源源而来。接着，岛村按部就班地采取他的行动。他拿着购物品收据前去订货客户处诉说：“到现在为止，我是没赚你们一分钱，如果这样让我继续为你们服务的话，我便只有破产这条路可走了。”客户为他的诚实所感动，心甘情愿地把交货价格提高为 5 角 5 分钱。同时，岛村又到冈山找麻绳厂的厂商商洽：“您卖给我每条 5 角钱，我是一直照原价卖给别人的。因此才得到现在这么多的订货，如果这样无利而赔本的生意让我继续下去的话。我只有等关门倒闭了。”



冈山的厂商一看他开给客户的收据存根，大吃一惊，像这样自愿不赚钱做生意的人，他们生平第一次遇到，于是就不加考虑，一口答应供给他的麻绳每条只收 4 角 5 分钱。如此每条麻绳赚 1 角钱， 每天的利润就有 100 万日元。创业 2 年后，岛村就名满天下，同时把凡芳商会改为公司。创业 13 年后，他每天的交货量至少有 5000 万条，其利润实在难以计算。现在的袋子绳索更是讲究，有塑料袋，缎带，绢带等，每条卖价 5 日元左右。这些高级品的利润更为客观。

竞争市场制胜之道何在？在岛村的成功中我们可以发现：一要有先见之明，要善于捕捉时机，岛村早就预料到纸袋流行的时代一定会来到。二是“吃亏就是占便宜”。岛村的“原价推销法”只赔不赚，亏了自己，“肥”了他的客户，使客户从他那尝到了“甜头”。于是，岛村芳雄获得了成百上千的订单。而吃亏经营感动了为岛村供货的厂商，使他们主动压低供价；也感动了客户，使他们主动要求抬高购买价格。“原价推销法”使他得到了商业界的信任，顾客自动替他宣传，使他无往而不利，在几年间就从一个穷光蛋摇身一变成为日本绳索大王。

## 抓住腾飞的翅膀

做事成功者也许并不都是他周围的人中最聪明的，但他们都应是做事有“心计”且执著的人。要获得成功，并非必须具备很高的智商，天分不是关键。很有才干的人也并非一定能够成功，因为天生的才能不能保证一定能获得成功。

不知你是否曾注意过马路边长出的小树苗？是否曾想过，这样一个小东西怎么会冲破坚硬的路基而长了出来，而且是在这么恶劣的条件下活着？而成功者就像马路边上长出的小树，在艰难困苦的奋斗过程中，他们学会了培养“冲破阻碍”的能力，他们是靠勤奋工作和不断尝试才一步一步地取得成功的。

另一方面，他们善用“心计”发现一切可利用的机会，在人群中脱颖而出。天赋、勤奋、毅力和方法非常重要，但机遇也必不可少。再好的种子，如果落在沙漠上，也是很难发芽成长的。

一个人能否有所成就，往往与他是否得到良师指导、知音赏识、伯乐提携等机遇大有关系，仅靠勤奋是不够的，还要有“心计”，发现机会并抓住它，才有可能腾飞。

毋庸置疑，机遇在成功的路上是极其重要的。但是，和天资、禀赋一样，机遇也毕竟只是提供一个机缘、一个条件、一种可能。这种机缘要变成现实，还要通过自己的艰苦努力。因为，努力奋斗不仅可以充分利用机会，它还可以为自己抓住机会，创造机会。

生活中处处都有机会，只要你有“心计”，处处留心并善于抓住它，你就有希望获得成功。莎士比亚曾经写道：“人间万物都有一个涨潮的时刻，如果把握住潮头，就会领你走向好运。”那么，如何抓住机遇，插上腾飞的翅膀呢？下面几点经验仅供借鉴：

1. 要有强烈的成功欲望。愿望是成功的一半。许多人对目标追求的愿望愈强烈，他的行动就愈加坚定，美国画家查理?巴素帝就是个很好的例子。

查理在德克萨斯州度过了他的童年时光。他从小就开始画卡通画，向往着将来成为一名职业的卡通画家。但长大后，他却发现这似乎并不是理想中的职业。于是，他就到一所专为调皮捣蛋儿童设立的学校里当了一名教师。在这所学校里，他的画成了那些顽童的宠物。校长很看重□理的画，为他提供了去纽约的经费，使他得以在那些杂志编辑面前展示他的画。□理原先的欲望又重新萌发了，并且更加强烈，这种强烈的愿望又驱使他辞职回家，潜心提高自己的绘画技术水平。如今，他的卡通画已经出现在众所周知的画刊、杂志上，如《纽约人》、《今日美国》等。

人生在世，总会有成功的机会，但是大多数人都没有成功，因为他们不愿付出努力。他们有能力，但缺乏成功的愿望。实际上，成功的愿望仅仅是观念的一部分。如果你具备了这一品质，培养起成功的愿望，形成了成功的观念，你就可能无所不能，最终成为一个胜利者。

2. 要自信。运气好的人一般都是自信的，相信自己什么都行。胆小怕事的人往往觉得运气不好。自信可能会使人产生勇气，勇气又会帮助你得到好运。

一个曾为自己是文盲而感到非常自卑和痛苦的妇女，在她女儿出生以后，这种自卑感更强烈，作为母亲，她还能为自己的孩子做些什么？



有一次，她在电视上看到有关当地举办识字班的通知，刚开始她不敢去报名，最后还是克服害怕在公众面前出丑的羞怯心理，用颤抖的手拨通了报名电话。经过一年的学习，她说："我简直不敢相信，现在我已能为女儿读故事书了，也再不会为邮件的到来而感到束手无策了。"

3. 永远不要说"为时太晚"。辛迪是一家公司的兼职雇员，干得不错。后来，丈夫同她一起从事这个工作。然而不幸接连降临——女儿染上重疾，房子起火，许多同事退职，工作经常处于停滞状态，他们的 2 辆轿车卖掉了，钱也花得一干二净，情况越来越糟。

真是祸不单行，婆婆又突然生病，对已 45 岁的辛迪来说，一切从头开始似乎太难。可辛迪并不认为自己老了，而是坚信一切都还来得及。在这种信念的支持下，她重新振作起来与丈夫商量对策：由她继续从商，丈夫到外面去工作。他们一点一点地工作，终于抓住时机，度过了难关。现在，辛迪已成为某一知名公司的总经理。她的经验就是，从现在开始一切都还来得及，永远不要认为已经太晚了。

有了上述准备，当机会降临时，相信你会果敢行动，抓住机遇，踏上成功之路。

# 第三章

## 快意人生懂方圆

做人要有“心机”，要懂得方圆之道。方是原则，圆是权变；方是以不变应万变，圆是以万变应不变。外表要圆（大智若愚），内心要方（清静明智）；对己要方（严于律己），对人要圆（宽以待人）。有圆无方则不立，有方无圆则拘泥。所以，为人时能亦方亦圆，方中有圆，圆内容方，就能够在交际中应付自如，没事不惹事，来事不怕事。

# 在一定程度上忍

有的人确实是性格天生温和、善良，但要注意从维护自己的形象和利益出发，心里要清楚，对什么人可以忍让，对什么人却不能忍让。如果你的忍让带点“讨好”的味道，那就更大错特错了。靠忍让去换得别人的好感，大部分情况下是适得其反。除非你遇到一个非常善良的智者或者和你一样喜欢一味忍让的人。一忍再忍，就会让人觉得你比较软弱，分不清是非。在忍让的同时，总会在是非问题上作些妥协，久而久之，你会发现有些时候自己也搞不清到底什么是对，什么是错。如果在原则问题上一再忍让，有时还会害了自己。

忍久了，自己也会觉得很压抑。很少有人能非常轻松地、愉快地一再忍让别人。大多数情况下，在心里总要作一番斗争。忍让的次数越多，越是痛苦。这种压抑的心情会带来很大的副作用，最大的不利是损害健康，同时也放纵了别人，其实也是“害”了别人。一般来说，别人是不会把一再忍让当做适可而止的信号，相反却容易得寸进尺。妻子对丈夫越轨行为的一再忍让，只会使丈夫为所欲为，变本加厉，甚至他会某一天突然认为这是正常的。母亲对儿子不良行为的一再忍让，只会使不懂事的孩子误入歧途。一再忍让可能导致最终结果的不可收拾，让人后悔莫及。

喜欢一味忍让的人，应该告诉自己在适当的时候要警醒一下别人，或在关键时候予以回击，不要让自己的原则受到侵犯。对于一些善意的玩笑、一次过火的行为，忍让一下可以显示你的涵养，但对于那些一贯性的、污辱性的甚至无赖性的侵犯，忍让就等于绵羊投降于恶狼。这时候需要的是反抗。当然在此之前不妨先警示一下对方，以示你的风度。即使你也知道反抗的结果可能是断绝来往，甚至付出更惨重的代价，你也得奋力去做。即使你力不从心，或者可能遭来更大的侵犯，你也得坚强地去做，因为结果往往是邪不压正。不管结果如何，你都应从维护自己的形象出发，从拯救一个丑恶的灵魂出发，给予迎头痛击，让他知道，该如何尊重人。

# 勇敢地说“不”

与人交往，说“不”是非常困难的事，其实说出来也可以避免许多麻烦，尤其是那些你根本做不到的事。明人潘游龙的《笑禅录》里有一则小笑话：甲乙是朋友。一日，甲病了，愁眉苦脸的。乙来探望，问：“兄是何病？有什么需要我办的？我都能为你办。”甲说：“我是害了银子的病，只需要二三钱便够了。”乙即假装没听清，咽了咽唾沫说：“你说什么？”笑话本意是在讽刺虚假的朋友，但从中我们也可体会到拒绝别人的不合理要求时，人通常会产生的尴尬心理。

生活中，我们经常会遇到他人的请求，比如借钱、帮忙做某事、下属提出加薪的要求等等。如果我们对这些请求并不是愿意接受，却又不好意思说“不”，我们就会使自己陷入十分为难的境地：或者违心地答应下来，心里却别别扭扭；或者假装答应却不做，失信于人；或者只能如笑话中的那人，干咽唾沫，脸上酸酸的……



一般来说，我们应该尽可能地帮助他人，因为乐于助人是我们做人的一种美德。但帮助别人不能没有原则。对方的请求，有的是不合时宜或不合情理的，有的是我们没有义务一定要承受的。比如有的人明明自己有存款，向你借钱，原因是怕自己提前取款会损失利息，这样的请求明显太自私了。有的人好贪便宜，见你有好东西，比如好字画、盆栽摆设，便大大咧咧张口：“送给我吧！”这种“夺人所爱”的“请求”也是让人反感的。还有些请求是强人所难，或根本就是无理要求。对这一类请求，我们心里老大不乐意，却为什么常常点头答应呢？究其原因，大概有这么几个：

1. 接受比拒绝更容易。
2. 担心拒绝后会触怒对方或受到报复。
3. 为了给人一个好印象。
4. 不了解拒绝的重要性。
5. 不知如何说“不”。

其中，不知道该如何拒绝是最令人们犯难的事，但如果你掌握了一些技巧，也就不难了。

1. 耐心地倾听对方所提出的要求。即使是在他述说的半途你已知道非加以拒绝不可，你也应该认真地听他把话讲完。这样做，为的是更确切地了解他请求的内涵，也是对对方的尊重。

2. 如果你无法当场作出接受或拒绝的决定，你就要明白地告诉对方你还需要考虑，并告诉他所需考虑的时间有多长。你可以说："明天我再答复你。"或"让我先了解一下情况，过两天给你个准信儿。"但你绝不可以把"需要时间考虑"作为拖延不决的挡箭牌。

3. 在你拒绝时，应该表明你对他的请求是认真考虑了的，你也了解了对方提出的这一请求的重要性。

4. 拒绝时，你在表情上应和颜悦色。最好说一声："谢谢你对我的信任，不过……"你可以略微表示歉意，但切忌过分地表达歉意。那样，对方会认为你不够真诚。因为你如果真的感到那样过意不去，那么你为什么不接受请求呢？

5. 拒绝时，你对对方和颜悦色，但同时也要显露出坚定不移的态度。这就是说，你要暗示给他，你不会因为他再三的请求而改变你拒绝的决定。

6. 最好能说一说你拒绝的理由。这是为了取得对方的理解和谅解，但这并不意味着你在每一次拒绝时都要附以理由。有时不说理由反而会显得真诚。你可以说："真抱歉，这一次我无法为你效力，希望你不介意。"相信不会产生不良后果。

7. 要让对方了解，你拒绝的是他所请求的事，而不是他本身，你是对事不对人。这次拒绝了，不妨碍他下次提出别的请求，也许下次就可以帮上忙了。

8. 拒绝以后，若有可能，你可以为对方提供处理他的请求事项的其他可行途径。美国某市长拒绝了西班牙裔居民关于失业的提案，但在对方撤回后，他说："我同意将这一提案作为我本人的竞选政见而公布。"这位市长拒绝了提案，但并未失去西班牙裔居民对他的支持。

9. 切记不要通过第三者拒绝某一个人的请求。否则，只会让对方认为你既缺乏诚意，又很怯懦。

关于拒绝的技巧，有个人提出了一种有效方法，名之曰"破唱片法"，因为损坏的唱片会一遍又一遍地重复同一句歌词。有一次，几位勤工俭学的大学生来向他推销大百科全书，他说他对大百科全书不感兴趣，这些大学生就采取迂回战术来说服他，以达到卖书的目的。而“破唱片”也就开始“唱”了——

大学生：“你对教育感兴趣吗？”

“破唱片”：“感兴趣。但我对买百科全书不感兴趣。”

大学生：“你有小孩吗？”

“破唱片”：“有一个。但我对买书不感兴趣。”

大学生：“你对你孩子接受的教育水平满意吗？”

“破唱片”：“也许是满意，也许是不满意，我说不好。但我对买大百科全书不感兴趣。”

最后，大学生们只好善罢甘休。

从长远的观点来看，我们要想使拒绝的话真正起到作用，就必须不带感情地使用这种技巧，只有平静地重复自己的观点，才能躲避操纵性的言语陷阱、辩论的引诱和形式逻辑的套子。

如果你遇到了一位请求者，他一而再、再而三地提出无理要求，并试图说服你，你不妨当一次“破唱片”来拒绝他。



做人就要把“不”字理直气壮地说出口。明人吕坤说：“你说得是，我便听从；我不是听从你这个人，而是听从‘是’，哪有什么私心？同样，你说得不是，我便不听从；我不是针对你这个人而不听从，我是不听从‘不是’，哪里是对你有什么不满意？”别忘了，说“不”也是我们的权利。

## 永远不做熟人的生意

俗话说，生意场上无父子。之所以这句话流传多年，时至今日仍在教诲我辈，就因为人们很难做到这点。毕竟，中国人的血管里流淌着东方人的亲情之血，在“义”与“利”的冲突中，往往是理智的“利”让位于感情的“义”。但在实际的商战中，以“义”代“利”不仅违背追求最大利润这一商界最高原则，也常常带来事与愿违的隐患。

1997 年 7 月的一天，小张的一个熟人跑来他这儿订一批办公用品，声言他的公司刚成立，贷款没下来，但新开张时费用超支，故先把货拉走，等开张后立即把货款送来。完了，还补上一句：“信不信得过我这朋友？”话到这分上，小张不答应显然不合适了，但还是让他打了欠条，写明还款日期。

可是时间过去了4年，小张熟人的公司早开张了，自行车变成了摩托车又变成了长安面包车，他也没有上门，更别说还款之事了。其间小张也打电话或直接上门找过他。一提欠款，他不是推说贷款没下来，就是大诉苦经。煞有介事的悲痛状，仿佛他刚从旧社会过来，你不拍屁股走人，而要再说下去，他就难免追到你家讨口饭吃似的。尽管有充分的理由，小张还是不想拉他去对簿公堂，因为是“朋友”。

还有一个故事：

小明的一个熟人带了他的一个熟人来买一台保险柜，因为同介绍人关系挺好，小明亲自选了一台并让出纳按批发价给开了发票。那“二道熟人”当时也没说什么，只说第二天把支票送来。当时天近黄昏，小明便邀请两位到附近的饭店吃了晚饭。其实那顿饭已经超出卖柜子的利润。事过一星期，对方没把支票交来。出纳员便按名片地址找去。结果回来摊着双手说，见到了那位保安器材部的老板，他倒没说什么，只是他手底下的伙计抱怨买贵了。小明担心引起误会，当即赶去，对那位仁兄坦诚相告：“我不可能靠这笔业务发财，也就没有必要把给你的价高出别的顾客，从而使自己堵上两扇门（还有一位介绍人）。”对方笑笑，竟提出一个大出意料的建议：“你干脆在我这里也买点东西吧！”顺着他的视线，小明看见他店里尽是警棍、手铐、警服、警帽等物品，便遗憾地拒绝了。他有些失望，随即说：“这样吧，等两天手头松点就给你送去，就两天，行不行？”“就两天”，便又成了一笔“烂账”。

当然，不要同熟人做生意，并非一成不变，但初涉商海便抱着靠自己的胆子、朋友的路子一不小心就发了大财的想法却是危险的。最根本的是，既然置身商界，就应该严格遵循为商的原则进行“游戏”。不然我们的商旅生涯就像那首儿歌一样——“迷途的羔羊，寻找老狼的指引……”



## 敬君子，远小人

“小人”每个地方都有，这种人常常是一个团体纷扰之所在，他们的造谣生事、挑拨离间、兴风作浪，很令人讨厌，所以有些人对这种人不但敬而远之，甚至还抱着仇视的态度。

仇视小人固然足以显出你的正义，但在社会交往中，这并不是保身之道，反而凸显了你的正义的不切实际，因为你的"正义"公然暴露了这些小人的无耻、不义。再坏的人也不愿意被人批评"很坏"，总要披一件伪善的外衣，这是人性。而你特意凸显的"正义"却照出了小人的原形，这不是故意和他们过不去吗？

君子不畏流言不畏攻讦，因为他问心无愧，小人看你暴露了他的真面目，为了自保，为了掩饰，他是会对你展开反击的。也许你不怕他们的反击，也许他们也奈何不了你，但你要知道，小人之所以为小人，是因为他们始终在暗处，用的始终是不法的手段，而且不会轻易罢手。你别说你不怕他们对你的攻击，看看历史的血迹吧，有几个忠臣抵挡得过奸臣的陷害？

所以，和小人保持距离就好了，不必疾恶如仇地和他们划清界限，他们也是需要自尊和面子的。何况你也不可能完全"消灭"小人，因为"小人"是一种人性现象，而人性是亘古存在的，因此不如和他们保持一种"生态"上的平衡。而且，有他们的存在，才能彰显你这"正人君子"的价值与可贵。另外有一点也必须了解，"小人"有时也会有一些"正义"，会不留情面地揭人隐私与不法，这对游走于法令边缘的人，未尝不是一种威胁，"小人"还是有某种存在价值的。



至于君子，你也不必去逢迎拍马，因为真正的君子一般都不喜欢这些非正道的行为。人固然都喜欢被奉承，喜欢一群人把他捧得高高的，但真正的君子会自省，一旦发现你是故意在奉承他，他反而会疏远你，甚至生出嫌恶之心。对你，这就弄巧成拙了。

所以，对真正的君子，保持你的不卑不亢就行了，他们反而欣赏你的这种风格。

社会复杂多变，常令人不知如何举措，多听多看，谁是君子谁是小人，了然于胸矣！

## 学会爱你的敌人

人和动物有些方面是不同的，动物的所有行为都依其本性而发，属于自然的反应，但人不同。经过思考，人可以依当时需要做出各种不同的行为选择，例如——学会爱你的敌人。

“学会爱你的敌人”，这是件很难做到的事，因为绝大部分人看到敌人，都会有灭之而后快的冲动，即使环境不允许或没有能力消灭对方，至少也保持一种冷淡的态度，或会说让对方不舒服的嘲讽话，可见要爱敌人是多么的难。

就因为难，所以人的成就才有高下之分、有大小之分，也就是说，能当众拥抱敌人的人，他的成就往往比不能爱敌人的人要大。

此话怎讲？

能爱自己的敌人的人是站在主动的地位，采取主动的人是“制人而不受制于人”。你采取主动，不只是迷惑了对方，使对方搞不清你对他的态度，也迷惑了第三者，搞不清楚你和对方到底是敌是友，甚至误认为你们已“化敌为友”。可是，是敌是友，只有你心里才明白，但你的主动却使对方处于“接招”、“应战”的被动态势。如果对方不能也“爱”你，那么他将得到一个“没有器量”的评语，一经比较，二人的分量立即有轻重之别，所以当众拥抱你的敌人，除了可在某种程度之内降低对方对你的敌意之外，也可避免恶化你对对方的敌意。换句话说，为敌为友之间，留下了条灰色地带，免得敌意鲜明，反而阻挡了自己的去路与退路。地球是圆的，天涯无处不相逢。



此外，你的行为也将使对方失去再对你攻击的理由，若他不理你的拥抱而依旧攻击你，那么他必招致他人的谴责。

所以，竞技场上比赛开始前，对手双方都要握手敬礼或拥抱，比赛后也一样再来一次，这是最常见的当众拥抱你的敌人。另外，政治人物也惯常这么做，明明是恨死了的政敌，见了面仍然要握手寒暄……

## 善意的谎言可温暖人心

有时候，我们会讲一些“善意的谎言”，这源于我们的善良和友好。在某些特定的情况下，善意的“谎言”也是美丽的。

美国人霍特一生耿直，憎恶在人际交往中有任何作假。为此，他在50年的生命旅途中付出了沉重的代价，并终于有所顿悟。他痛苦地发现自己竟找不到一个可以倾心交谈的人，连妻子和儿女也离他远去。霍特只能把自己的新想法写在日记上，念给自己听。霍特这样说道：“我到今天才相信，人与人相处是没有绝对诚实的。有时候，适当的假话和假象更能促进友谊和爱情。”

霍特的经历是人类多少年来困惑的缩影。我们提倡人与人之间应该坦诚相待，但发现坦诚会使人在许多时候碰得头破血流。只是为了维护我们心目中一种虚幻的纯洁和躲避政治上的禁忌，我们才无法解释这种现象。霍特不是政治家，也不再需要虚幻，所以他把人类长期羞于启齿的隐秘说了出来：许多时候，交际并不需要真实。

我的一位朋友，是一家医院的主治医生，一天我们正在一起吃晚饭，他的电话突然响了，原来是值班医生说刚刚送进一个重病人，我的医生朋友二话没说，放下筷子就跑了出去，我也随他一同赶到医院。

来到医院，见到伤者我吓了一跳，原来伤者膝盖以下几乎体无完肤，且全身是血，发出令人惊恐的喊叫声。他的意识模糊、眼神呆滞，好像快要死了。我见到他的样子，觉得救治的希望很小，我想：“这个人还能救得活吗？”不料我的这医生朋友这时打了他一巴掌，大声喝道：“坚强一点！这一点伤算得了什么！我马上就会把你治好的，你一定要撑下去。”



医护人员立即将伤者抬到了手术室，大约过了一个半小时之后，我的朋友从手术室走了出来。我便问他：“你见到伤者时，你真的以为这样的伤算不了什么吗？”他说：“当时，我心中的第一个念头是‘糟了，他恐怕是没救了，因为大量出血，腰也扭断了。’”“那么你不是在说谎吗？”“是啊，医生是不应该说谎的，但有时却不得不如此，我感到很为难。”我的朋友接着告诉我，“我认为圆谎是名医的条件之一。像刚才的情形，如果我老实说：‘哇，这么重的伤，一定没有救了。’他大概会当场就死去。话又说回来，这也是为了伤者好，所以医生有时为了救患者不得不说谎。”第二天，我打电话向他询问伤者的情形，幸运的是伤者逃过了死亡的一关。这种情形如果按常理说医生说谎，显然委屈了医生，在特定的情况下，说谎反而于事有益。

谎言，在人际交往中几乎是不可缺少的，有些人宣称自己从来不说假话，这句话本身就一定是假话。当我们得知亲人病重，当我们获知朋友遭难，我们就时常会说一些与实际情形完全不符的假话。从这个意义上看，世界上没有不说假话的人。许多假话在形式上与人际间真诚相处不相一致，但在本质上却吻合于人的心理特征和社会特征，人都不希望被否定，人都希望猜测中的坏消息最终是假的。为了人们许多合理的愿望暂时不至于落空，谎言就开始发挥作用。

真正能说好假话并不比说真话容易。首先我们应消除对谎言的偏见和罪恶感，这样，我们才能把假话说好。说假话有三条规则：

其一，真实假话是无法真实时的一种真实。当我们无法表露自己的真实意图时，我们就选择一种模糊不清的语言来表达真实。当一位女友穿着新买的时装问我们是否漂亮，而我们觉得实在难看时，便可以用模糊的语言回答说："还好。""还好"是一个什么概念，是不太好还是还可以？这就是假话中的真实。它区别于违心而发的奉承和谄媚。

其二，合情合理。这是假话得以存在的重要前提，许多假话明显是与事实不符的，但因为它合乎情理，因而也同样能体现我们的善良与爱心。经常有这样的事情：妻子患了不治之症不久将要死去，丈夫为之极感颓丧。他应该让妻子知道病情吗？大多数专家认为：丈夫不应该把事情的真相告诉她，也不应该向她流露痛苦的表情，以增加她的负担，而应该使妻子在生命的最后时期尽可能快乐。当一位丈夫忍受着即将到来的永别而抚慰妻子时，他那与实情不符的安慰反而会带给我们感动。因为在这假话里包含了艰难的克制。

其三，必须得说。这是指许多假话非说不可，这种必须有时候是出于礼仪。例如，当我们在参加庆祝活动前遇到不愉快的事情时，我们必须把悲伤和恼怒掩饰起来，带着笑意投入欢乐的场合。这种掩饰是为了礼仪需要，怎能加以指责？有时候我们说假话是为了摆脱令人不快的困境。例如，美国曾经就一项新法案征求意见，有关人员质问罗斯："你赞成那条新法案吗？"罗斯说："我的朋友中，有的赞成，有的反对。"工作人员追问罗斯："我问的是你。"罗斯说："我赞成我的朋友们。"

当我们按照上述三条规则去说假话，我敢肯定它同样会给我们带来非凡魅力。只要我们心存真实，把假话仅作为交际的一种策略，这就是美丽的谎言，是在善意基础上交际的必要策略。这同丑恶的假话，同以不可告人的目的编造的假话相比，两者有着本质的区别。

# 永不轻率许诺

我们常听到别人漫不经心地说:“有事我负责!”像这种随便把“负责”二字挂在嘴上的人是没有“心机”的人,也是不负责任的人。出了事情,责任谁都能负,但谁也负不起。

责任也是有限度的。不是从一开始就随随便便地表示负责到底才是有责任感,而是负自己该负的责任才对。

“责任感”是一种称赞的话,重点在于后面的“感”字。不是责任,而是感受责任,所以不是只要说愿意负责的话就可以了,而是要亲自感受自己应该负起的责任。一般人往往不去衡量自己的力量,光是一副正义凛然的样子拍胸脯来表示愿意负责,却没有考虑到现实的后果。

责任并不似权利义务那么具有强制性,它的道德含义比较强,但实际上却没有什么约束力。



然而,人在交往时,彼此会不经意地在对方的身上加上太多的责任。在工作上,我们必须义无反顾地担负一些公事上的责任。有时候当工作没有成绩时,即使并不是自己的过失,仍然得负起连带责任。这个社会就是这样,随时随地都要负起责任。在这种情况之下,当我们受到别人的请托,为了达成任务所尽的力就是责任。

与人交往的责任,就是彼此只要尽了力就可以了,大可不必非得要求自己或对方奉献出所有的金钱及时间,不能从别人那里要求一些不合情理的事情。身为现代人,于公要对集体负责,于私要对家庭负责,如果为了对朋友负责而伤害了其中之一,那就失去了交朋友的意义了。

拿破仑说:“我从不轻易承诺,因为承诺会变成不能自拔的错误。”承诺就是要揽责任,如果你做不到,尤其是超出你能力范围之外的事,只会令你失信于人,形象大大受损。

帮助别人本身无可厚非,关键是量力而行。不看清自己的实力,什么事都说“我能行”,与一个莽汉没有什么区别。你要为你所说出的话负责,就必须“三思而后言”。

# 以方正之心做人，以圆融之态处事

人活在世上，无非是面对两大世界，即身外的大千世界和自己的内心世界。人一辈子也无非是做两件事——做事和做人。怎么做事和怎么做人，从古到今都是人类探讨的课题。多少人一辈子都在哀叹做人难，难做人，人难做，但一枚小小的铜钱却将一切变得那样简洁，那样明白，因为它恰好是方与圆的结合体。

先说方，做事要方，便是说做事要遵循规矩，遵循法则，绝不可乱来，绝不可越雷池一步，这个道理在中国已流传了几千年。

中国人常说的"没有规矩不成方圆"、"有所不为才可有所为"，就是"方"这个道理。

每一个行当都有自己绝不可逾越的行规。比如说做官就绝对要奉守清廉的原则，从一开始就要做好承受清贫的思想准备，就像曾国藩家训"八不得"中的一条"为官要清，贪不得"一样。如果做官开始的动机就不纯或慢慢变质，企图以权谋私或权钱演变，那这个官就绝对当不好，当不长了。 

为商要奉行的金科玉律是一个"诚"字。真正的大商人必是以诚行天下，以诚求发展，绝不会行狡诈、欺骗之伎俩，为一些蝇头小利或眼前得失而失信于人，像韩国因商业楼倒塌而产生的震惊世界的惨案，便是因为韩国的建筑承包商在建造大楼时偷工减料；像中国生产鳖精厂家的秘密彻底被揭露，是因为厂家生产的竟是没有鳖的鳖精，为此他们犯了行商的大忌。

做学问信奉的是一个"实"字。一步一个脚印，一天一点长进，方能积少成多，积薄成厚。那些虚假的沽名钓誉之辈终将会成为人类的笑柄。

再说圆，做人要圆。这个圆绝不是圆滑世故，更不是平庸无能，这种圆是圆通，是一种宽厚、融通，是大智若愚，是与人为善，是居高临下，是明察秋毫之后心智的高度健全和成熟。不因洞察别人的弱点而咄咄逼人，不因自己比别人高明而盛气凌人，任何时候也不要因坚持自己的个性和主张而让人感到压迫和惧怕，任何情况都不会随波逐流，要潜移默化别人而又绝不会让人感到是强加于人……这需要极高的素质，很高的悟性和技巧，这是做人的高尚境界。

圆的压力最小,圆的张力最大,圆的可塑性最强。

这圆好做又不好做。好做是因为如果人真正有大智慧、大胸襟,真正能自强自信,心态平和,心地善良,凡事都往好的一面想,凡事都能站在对方的立场为他人着想,人的弱点皆能原谅,即便是遇见恶魔也坚信自己能道高一丈,如真能那样,人还有什么做不好呢?

如若不是这样,凡内心孤独的人必喜虚张声势;内心弱小的人必好狐假虎威;心中有鬼的人必爱玩弄伎俩;没有自信的人必会尖酸刻薄,试问这样的做人又从何谈圆?

当然也不乏有人为了某种利益和目的不惜敛声屏息,不惜八面讨好,不惜左右逢"圆"。但这种圆和那种圆绝对有本质的区别,这种"圆"的后面是虚伪和丑恶。任何成功的后面都包含着牺牲。如果说有人能做到内方外圆的话,那也肯定包含了许多的牺牲。比如说做事要方,做事要有规矩、有原则,那就意味着许多事不能做,许多事又非要做,那无疑也就意味着会得罪许多人,惹恼许多人,意味着要舍弃许多利益甚至招来杀身之祸。如宋代的民族英雄岳飞,为了"忠"舍弃了"孝",但在"忠"君和"忠"国之间,他做不到只为了忠于昏君而放弃抗击金兵,为了这种原则,他惨死在风波亭。



做人圆,那也会有牺牲。有时要牺牲小我;有时要忍辱负重,忍气吞声;还有更多的时候要承受屈辱、误解,甚至来自至亲至爱的人的伤害。如明明你在履行一种神圣的职责,他却以为你好大喜功;明明你在深谋远虑,他却认为你是哗众取宠。小牺牲换来小成功,大牺牲换来大成功,这就要讲究"方"与"圆"的"心机"了。能做到"方""圆"的,同时却并没有感到那是一种牺牲和痛苦的才是大成功、大境界;能为了"方""圆"去承受牺牲的是小成功、小境界;不愿牺牲也做不到"方""圆"的是不成功。如果截然相反,做事是圆,只要有利,不择手段,什么都敢干;做人是方,刁钻古怪,锋芒毕露,心狠手辣的话,那这个人一定会糟糕透顶,不能容于天下了。

## 切勿锋芒太露

想要在事业上有一些建树,可以用一点"心机"巧妙展露,要记得时机没有成熟之前,千万别锋芒太露。

"人不知而不愠,不亦君子乎?"可见人不知我,心里老大不高兴,这是人之常情。尤其是年轻人，总是希望在最短时期内使人家知道你是个不平凡的人。而要使人知道自己，当然先要引起大家的注意，要引起大家的注意，只有从言语行动方面着手，于是便容易露出言语锋芒，行动锋芒。

锋芒是刺激大家的最有效方法，但若细细看看周围的同事，若是处世已有历史、已有经验的同事，他们却与你完全相反。“和光同尘”、毫无棱角，言语如此，行动亦然，个个深藏不露，好像他们都是庸才，谁知他们的才能颇有位于你上者；好像个个都很木讷，谁知其中颇有善辩者；好像个个都无大志，谁知颇有雄才大略而不愿久居人下者，但是他们却不肯在言语上露锋芒，在行动上露锋芒，这是什么道理？

因为他们有所顾忌。言语锋芒，便要得罪旁人，被得罪了的旁人便成为你的阻力，成为你的破坏者；行动锋芒，便要惹旁人的妒忌，旁人妒忌也会成为你的阻力，便也成为你的破坏者。你的四周若都是你的阻力或破坏者，在这种情形下，你的立足点都没有了，哪里还能实现你扬名立身的目的？

陈先生在年轻时代以兼有三种特长而自负，即笔头写得过人，舌头说得过人，拳头打得过人。在学校读书时，不怕同学，不怕师长，以为他们都不及他。初入社会，还是这样的骄傲自负，结果得罪了许多人，不过，他觉悟很快，一经好友提醒，便连忙负荆请罪，倒是消除了不少的嫌怨。但是无心之过仍然难免，结果还是遭受了挫折。俗语说，久病成良医，他在受足了痛苦的教训后，才知道言行锋芒太露。有人为了避免再犯无心之过，就故意效法金人之三缄其口，即使不得不开口，也要多方审慎。虽然“矫枉者必过其正”，但是要掩盖先天的缺点，就不能不如此。因此若听见旁人说你世故人情太熟，做事过分小心，不但不要见怪，反而要感到高兴才是。



## 讨回你应得的公道

人生在世，难免遭遇风浪，但许多人都一帆风顺惯了，害怕磨难，更害怕付出代价。遇到事，宁可自己吃点亏、受点气也不愿寻回公道，只求个安生，这样时间一久，窝囊气郁积在心里，越想就越恨自己没用，于是也就越来越觉得受气，有些人就是让这股气憋了一辈子。当然，做出以鸡蛋碰石头的愚蠢之举是不足取的，但方圆之人都相信正义，相信勇气。有正义在身，就会有信心，而信心足了也就有了勇气，就能使人积极找到解决问题的办法，这样讨回公道就有了希望。关于这一点，我们可以通过曲小雪状告美国银行家的故事获得不少有益的知识。

曲小雪自费到美国留学，经人介绍到了一个美国老太太露易丝家打工。露易丝是一位种族歧视意识非常强的老太太，一开始就对来自中国的曲小雪很不礼貌，不允许她起英文名，而且每次叫她的时候也不称呼她的名字，只摇一摇手中的摇铃。曲小雪虽然感到受了屈辱，但为了不丢掉这份工作，还是在露易丝家住下了。

曲小雪的工作是利用下午及晚间的空闲时间来照顾露易丝太太的生活起居，露易丝太太每月付她工资 300 美元，另外还提供两顿伙食。但是，这两顿伙食每次都是露易丝吃剩下的，而且如果曲小雪吃不完，露易丝还叫她用粉碎机打碎，拌成糊状放在冰箱里留着下顿再吃。曲小雪一开始还忍耐着，到后来终于因此事而与露易丝发生冲突。最后，曲小雪忍受不了屈辱，决定辞职。谁知，露易丝太太的儿子、华盛顿的银行家爱德华回来了，他不允许曲小雪辞职，要求她留下来继续照顾他的母亲。当曲小雪执意离去时，爱德华开始污辱她的人格，说："我这一辈子最看不起黑人，你们中国人连黑人都不如！"并且强行翻查曲小雪的箱子。曲小雪感觉自己羞辱得就像被当众扒光了衣服，她要求爱德华支付她这 3 个星期的工资。谁知，爱德华不但不付工资，而且还抽了曲小雪一个耳光，然后抓住她的头发狠命往墙上撞，又把她推倒在地狠命地踢打。曲小雪全身血污，很快就昏厥过去。邻居听到曲小雪的哀号，赶快打了报警电话，爱德华趁曲小雪昏迷，在警察面前反咬一口，说是曲小雪被辞退后不肯离开，且先咬了爱德华的手，这才发生了冲突。曲小雪在女友的帮助下到医院做了诊断，结果证明她的髌软骨已永久性挫伤，脊椎骨错位弯曲，脑震荡也十分严重。无论是心灵还是肉体，曲小雪都受到了严重的创伤。



曲小雪知道，这一次她必须利用法律的手段为自己伸张正义，否则她注定一生都将生活在巨大创伤的阴影下不能抬头，如此年轻的她怎能就这样屈从了自己的命运呢？于是，她终于下决心状告银行家爱德华。她花了几个月的时间，总算找到了一位愿意帮她的中国律师。

但是事情的进展并不顺利。在地方法庭上，爱德华雇的三个大律师极力说服了法官判定此案为庭外和解。曲小雪不服，于是上诉。每次开庭，结果仍是庭外和解，于是曲小雪继续上诉。断断续续，这场官司整整打了4年，一直打到了最高巡回法庭。在这4年里，曲小雪付出了局外人无法想象的巨大代价，她面容憔悴，疾病缠身，连头发都白了许多，但她一想到自己心灵深处的创伤会因为正义的裁决而得以安抚，就仍然感到抑制不住的兴奋。

终于，在最高巡回法庭上，曲小雪以自己感天地泣鬼神的强烈控诉感动了法官和陪审团，尽管爱德华的律师拼命周旋，法官还是判爱德华无故伤害罪，责令其赔偿5250美元，并当庭向原告道歉。曲小雪要求爱德华向她大声道歉，之后，她以一个中国公民的身份庄严宣告，她耗时4年打这场官司，是为了讨回做人的尊严，而不是为了一文不值的美元。说罢，她把5250美元的支票撕得粉碎，抛向了法庭的天空。

曲小雪的故事给了我们两点启示：第一，一旦自己所极端珍视的人格、尊严以及某项重要的利益受到了冒犯和损害，就必须勇敢地挺身而出，不惜代价为自己求得公正，在这种情况之下一味的忍让只会使自己吞下更难咽的苦果。第二，付出代价也要考虑自己的实力，但勇气会增加动力和实力。在这两点上曲小雪为我们树立了非常好的榜样。



事实上，在大多数人的人生历程里，像曲小雪所经历过的如此之大的屈辱是不多见的，但是，一旦这样的屈辱发生在你的身上，作为影响你人生的一道关坎出现了，你是不是有勇气挺身而出，为自己讨回公道呢？如果说在一个民主制度、法律制度尚不十分健全，人治大于法治的社会里讨回公道还是极为艰难的话，那么随着我国民主化、法制化进程的推进，我们相信自觉而勇敢地利用法律手段为自己洗刷屈辱、求得正义的可能性越来越大了，在此前提之下唯一需要考虑的就是个人的勇气与毅力：挺起胸脯，就能云开日现；蜷起身子，就只能一辈子受气。

## 有时坚持利益就是保有尊严

人们所说的原则性问题主要有两种，一是尊严，一是应得的利益。尊严是精神上的原则性问题，尊严受到损害有时比物质利益的损失更让人痛苦和难以忍受。

一个人的素养越高，就会越看重自己的人格与尊严，所谓“士可杀不可辱”，正是这个意思。

我们说在尊严问题上必须寸步不让，但在很多情况下是自己的尊严已被人严重地侵犯了，却还不知如何申辩，结果只能白白地受气。其实，别人侮辱我们的人格，并不意味着他的人格有多高尚，如果我们能够了解对方，稍稍使用一点“心机”，以其人之道还治其人之身，往往可以为自己讨回尊严。

在某大城市的一户人家，有一位乡下来的小保姆，由于性情实在，干活利索，给女主人的印象颇佳。但是，生性狐疑的女主人还是担心这位乡下姑娘手脚不干净，于是在试用期的最后几天想出个办法来试一试她。

一天早晨，小保姆起床要去做饭，在房门口捡到1元钱，她想肯定是女主人掉下的，就随手放在了客厅的茶几上。谁知第二天早晨，小保姆又在房门口捡到了一张5元的钞票，这让她感到很奇怪。“莫非是在试探我吗?”小保姆产生了这样的疑问。但她又很快打消了这个念头，因为女主人是个刚从科长位子上退休的体面人，怎么会做出这样侮辱人的事情呢?这样想着，她就把钱放到了茶几底下，但心里面还是留了个心眼。



到了晚上，小保姆假装睡下，从卧室的窗户窥看客厅中的动静。正当她困意袭来，准备放弃这一念头时，女主人竟真的悄悄到茶几前取钱来了。小保姆彻底惊呆了，怒火冲上了她的心头：怎么可以这样小看人！她咬了咬嘴唇，下定了一个决心。

次日早晨，小保姆又在房门口发现了一张钞票，这次是10元钱。她笑了笑，把钱装进了自己的口袋。到了傍晚，她在女主人下楼去练气功之前把这10元钱悄悄地放在了楼梯上，准备也测试女主人一番。果不出小保姆所料，她在下楼时看见了那10元钱，当时就眼睛一亮，然后趁着左右没人把钱塞在了口袋里。这一幕，全都被暗中偷窥的小保姆看到了。

当晚，女主人就像科长找科员谈话一样找到了小保姆，严肃而又婉转地批评她为人还不够诚实，但如果能痛改前非，还是可以留用的。小保姆故作懵懂地问：“你是不是说我捡了10元钱?”“是呀！难道你不觉得自己有错吗?”小保姆摇了摇头：“不，我不认为我做错了什么，因为我已经将那10元钱还给您了。”女主人一脸诧异：“咦，你啥时啥地还我钱了?”小保姆大声回答：“今天傍晚，公共楼梯……”女主人一听到“楼梯”两个字，登时像触了电一样浑身一颤，狼狈得一句话也说不出来了……

聪明的小保姆利用了一些“心机”为自己找回了面子，女主人自然也不敢再侮辱她的人格和尊严。试想一下，但如果她正面反击、不讲策略又会是什么效果呢？使用一点“心机”，就可以方圆有道，一劳永逸，可见，做人还是要技巧的。

## 你的肚子能装多少事

普通人有一个共同的毛病：肚子里搁不住心事，有一点点喜怒哀乐之事，就总想找个人谈谈，更有甚者，不分时间、对象、场合，见什么人都把心事往外掏。

其实这也没有什么不对，好的东西要与人分享，坏的东西当然不能让它沉积在心里，但不能“随便”说。因为你每个倾诉对象都是不一样的，说心里话的时候一定要有“心机”，该说则说，不该说则千万别说。

之所以处理心事要这么慎重，是因为心事的倾吐会泄露一个人的脆弱面，这脆弱面会让人改变对你的印象，虽然有的人欣赏你“人性”的一面，但有的人却会因此而下意识地看不起你，最糟糕的是脆弱面被别人掌握住，会形成他日争斗时你的致命伤，这一点不一定会发生，但你必须预防。



其次，有些心事带有危险性与机密性，例如，你在工作上承担的压力与牢骚，你对某人的不满与批评，当你快乐地倾吐这些心事时，有可能他日被人拿来当成修理你的武器，你是怎么吃亏的，连自己都不知道。

那么，对好朋友应该可以说说心事吧？答案还是：不可随便说出来，你要说的心事还是要有所筛选，因为你目前的“好”朋友未必也是你未来的“好”朋友，这一点你必须了解。

然而，闭紧心扉，心事“滴水不漏”也不是好事，因为这样你就成为一个城府深、“心机”沉、不可捉摸与亲近的人了。

## 做人要善于隐匿

《三国演义》中有一段“曹操煮酒论英雄”的故事。当时刘备落难投靠曹操，曹操很真诚地接待了刘备。刘备住在许都，在衣带诏签名后，为防曹操谋害，就在后园种菜，亲自浇灌，以此迷惑曹操，使之放松对自己的警惕。

一日，曹操约刘备入府饮酒，议起谁为当世之英雄。刘备点遍袁术、袁绍、刘表、孙策、刘璋、张绣、张鲁、韩遂，均被曹操一一否定。曹操指出英雄的标准——“胸怀大志，腹有良谋，有包藏宇宙之机，吞吐天地之志”。刘备问：“谁人当之？”曹操说只有刘备与他才是。

曹操独具慧眼，正好说中刘备的志向，刘备被曹操点破是英雄后，竟吓得把匙箸掉在地上。恰好当时大雨将到，雷声大作。刘备从容俯拾匙箸，并说：“一震之感，乃至于此。”巧妙地将自己的慌乱掩饰过去，从而也避免了一场劫数。刘备在煮酒论英雄的对答中是非常聪明的。

刘备藏而不露，人前不夸张显耀、不吹牛自大，装聋作哑不把自己算进“英雄”之列，这办法是很让人放心的。他的种菜、他的数英雄，至少在表面上收敛了自己的行为。一个人活在世上，气焰是不能过于张扬的。

孔子年轻的时候，曾经受教于老子。当时老子曾对他讲：“良贾深藏若虚，君子盛德容貌若愚。”即善于做生意的商人，总是隐藏其宝货，不令人轻易见之；而君子之人，品德高尚，而容貌却显得愚笨。其深意是告诫人们，过分炫耀自己的能力是毫无益处的。



中国旧时的店铺里，店面上是不陈列贵重的货物的，店主总是把它们收藏起来。只有遇到有钱又识货的人，才告诉他们好东西在里面。倘若随便将上等商品摆放在明处，岂有贼不惦记之理。

不仅是商品，人的才能也是如此。俗话说，“满招损，谦受益”，才华出众而喜欢自我炫耀的人，必然会招致别人的反感，吃大亏而不自知。

这个世界上才能高的人很多，但有“心机”的人却不是很多，同样一部《三国演义》，死于曹操手下的才高八斗之士数不胜数，如孔融、祢衡之流，皆因他们不善于隐藏自己而命丧黄泉。所以，无论才能有多高，都要善于隐匿，即表面上看似没有，实则充满，要能达到这样的境界。

## 学会尊重别人的意见

在我们的周围，有些人是很聪明，但更喜欢抬杠，以显示自己是个有想法且聪明胜于别人的人。无论别人说什么，他总要加以反驳，其实他自己一点主见也没有。不过当你说“是”时，他一定要说“否”；当你说“否”的时候，他又说“是”了。事事要占上风，纯粹是没有“心机”的失败者。

即使你真的聪明，也不应该以这种态度去和别人说话。你简直不为对方留一点面子，好像要把他逼得无路可走才心满意足。你想让人无话可说，达到心理上的满足。你想过没有，你满足了，那么人家会不会满足呢？答案是显而易见的。相信你并没有想到这一层，但实际上你却是这样做的。别人会意识到你是一个没有“心机”的傻人。这种不良习惯使你自绝于朋友和同事，没有人愿意给你提意见或建议，更不敢向你提一点忠告。你本来是一个很好的人，但不幸染上了这种坏习惯，朋友、同事们都远你而去了。唯一改正的方法是学会尊重别人，首先你要明白，在日常谈论中，你的意见未必是正确的，而别人的意见也未必就是错的。那么，你为什么每次都要反驳别人呢？大概有这种坏习惯的人当中，聪明者居多，或者是些自作聪明的人，也许他太热心，想从自己的思想中提出更高超的见解，他以为这样可以使人敬佩自己，但事实上完全错了。

别人和你谈话，他根本没有准备请你说教，大家说说笑笑罢了。你若要硬作聪明，拿出更高超的见解（即使确是高超的见解），对方也绝不会乐意接受的。所以，你不可以随时表现出要教训别人的神气。当你的同事向你提出建议时，你若不能立刻表示赞同，但起码要表示可以考虑，不可马上反驳。假如你的朋友和你聊天，那你更应注意，太多的执拗会把有趣的谈话变得枯燥乏味。



如果别人真的犯了错误而又不肯接受批评或劝告时，你也不要急于求成，不妨后退一步，隔几天再谈。否则，大家固执己见不但不能解决问题，反而伤害了感情。

因此，最聪明的做法就是表现得谦虚些，尊重别人的想法，随时考虑别人的意见，不要做一个固执的人，而应让人们都觉得你是一个可以交谈的人。

## 谦虚使人进步

中国人受儒家传统文化影响深厚。“知之为知之，不知为不知，是知也”；“谦虚使人进步，骄傲使人落后”……这样的格言、警句多如牛毛。它们说的都是对待荣誉的做法，在荣誉面前保持平和，才会有更大的进步，也不会影响到别人，特别是没有成就的人的感情。

不仅中国如此，国外也一样。美国科学家富兰克林说过："缺少谦虚就是缺少见识。"英国哲学家斯宾塞认为："成功的第一个条件是真正的虚心，对自己的一切敝帚自珍的成见，只要看出与真理冲突，都愿意放弃。"可见，谦逊是我们人类共同珍视的美德。

爱因斯坦由于创立了相对论而声名大振。据说，有一次，他9岁的小儿子问他："爸爸，你怎么变得那么出名？你到底做了什么呀？"爱因斯坦说："当一只瞎眼甲虫在一根弯曲的树枝上爬行的时候，它看不见树枝是弯的。我碰巧看出了那甲虫所没有看出的事情。"

谦虚不仅是成功的要素，谦逊与内心的平静也是紧密相连的。内心的平静是做人的一种高度的"心机"。我们越不在众人面前显示自己，就越容易获得内心的宁静，这样，就容易得到别人的认同和支持。

其实，自高自大、自骄自傲也是缺乏"心机"的一种表现。有的人稍稍有一点可怜的成就，于是耳朵就不灵光了，眼睛也花了，路也不会走了，因为他开始自我膨胀、发烧了，自以为写了两篇文章就成了作家，演了两部电影就成了电影明星，唱了两首歌就成了歌星……



一个人的成就再伟大，也只是相对于个人而言。在我们所生存的这个宇宙之中，没有什么不是渺小的。如果你在某一方面取得了一定的成绩，你不应该过于看重它，因为它已成为你的历史。不要留恋你的影子——哪怕它再辉煌，它毕竟也只是虚无缥缈的影子而已。要知道，当你望着你的影子依依不舍的时候，你正好背离了照亮你的太阳。

或许，你所自鸣得意的事，正好是受人奚落的短处，就好像口袋里装着一瓶麝香的人不会到十字街头去叫嚷，让所有的人都知道自己口袋里的东西，因为他身后飘出的香味已说明了一切。

真正有"心机"的人是决不会滥用优点和荣誉的，他不会等待着去享受荣誉，他会继续努力去做那些需要去做的事。正如俄国科学家巴甫洛夫所谆谆告诫的："绝不要陷于骄傲。因为一骄傲，你们就会在应该同意的场合固执起来；因为一骄傲，你们就会拒绝别人的忠告和友谊的帮助；因为一骄傲，你们就会丧失客观方面的准绳。"

况且，让事情更糟的是，你在得意时越夸耀自己，别人就越回避你，越在背后谈论你的自夸，甚至可能因此而怨恨你。同时，骄傲的人必然妒忌，他喜欢那些依附他的人或谄媚他的人，他对于那以德行受人称赞的人会心怀嫉恨，结果，他就会失去内心的宁静，以至于由一个愚人变成一个狂人。

然而，具有讽刺意味的是，与此情况刚好相反，你越少刻意寻求赞同，越少刻意炫耀自己，你却会获得越多的赞同和欣赏。要知道，在日常生活中，人们更留心那些谦虚、自信，不随时随地表现自己的正确与成绩的人。大部分人都喜欢那些不自夸的、谦逊的人。

如果你的确有机会自夸，那么，尝试着去尽力抑制住这一欲望吧，那将使你受益无穷。

## 学会适度伪装自己

如今的社会是一个利益为先的社会。人们都善于察言观色，调节与人相处的方式，顺着别人的性子。所以你要时刻警惕，别让自己的喜怒哀乐成为别人利用的对象。如果你不想被别人控制，就得先控制自己的情绪，在必要时伪装自己，深藏不露。



没有“心机”或“心机”不多的人通常会吃小人的亏。一听到别人的奉承就面有喜色的人，有心者便会以奉承来接近他，向他索要好处甚至向他进行“软性”的勒索；一听到某类言语，或碰到某种类型的人就发怒的人，有心者便会故意制造这样的言语，指使这种类型的人来激怒你，让你在盛怒之下丧失理性，迷乱智慧，失去风度；一听到某类悲惨的事，或自己遭到什么委屈就哀伤不已甚至伤心落泪的人，有心者了解你内心的脆弱面，便会以种种手段来博取你的同情心，或是故意打击你的情感的脆弱处，以达到他的目的；一个一因某事就“乐不可支”的人，有心者便可能提供可“乐”之事来迷惑你，以遂行其意图。

有人也比较痛恨这种不能痛快发泄的隐藏，觉得似乎世人没有一个可靠，而人生也充满痛苦。诚然，连喜怒哀乐都不能自由表达，这种人生没太大意思。

不过，若因喜怒哀乐表达失当而招来无妄之祸，那人生不是更没意思？因此，人没有必要做一个喜怒哀乐见不着痕迹的人，但何妨把喜怒哀乐放在口袋里？这样做的目的有：把喜怒哀乐从情绪中抽离，你便可以理性、冷静地看待它，思索它对你的意义，并进而训练自己对喜怒哀乐的控制，做到该喜则喜，不该喜则绝不喜的地步。把喜怒哀乐放在口袋里就是不随便表现这些情绪，以免为别人窥破弱点，予人以可乘之机。

## 成全别人的好胜心

学生对一位新来的老师感到有些好奇和畏惧。因此，这位老师故意在课堂上说："我的字写得不好看，板书更差，小学时我的书法都不及格，因此我特别害怕在黑板上写字。"以此博得学生一笑，为的是很快缩短师生之间的距离。有时，他也会说："怎么样，我的领带漂亮吗？"学生就会暗暗在心里想："这老师真有趣，竟注意些小事，可见老师也是凡人。"学生的心情一下子放松了，便产生了亲切感，此后这位老师的教学也变得很顺利。

同样的，演讲时故意在麦克风前打喷嚏，站不稳，或故意出现些小失误，却能缓和原来紧张的气氛，听众们心里便会想："同样都是人，难免做出些不雅的事。"于是一种亲切感就自然产生了。



与有自卑心理和戒备心的人初见面时的会谈是很困难的，尤其在社会地位有差别时，对方在居下的位置上心中会有胆怯感。此时对方心理上自然筑起一堵防御墙，要想深入谈下去，首先让对方树立"自己不比别人差"的观念，这一点很重要。

人人都有自尊心，人人都有好胜心，若要联络感情，应尊重对方的自尊心，若要重视对方的自尊心，必须隐藏自己的好胜心，成全对方的好胜心。这样表面上对方胜利了，实际上却是你胜了。

比如对方与你有同性质的某种特长，对方与你比赛，你必须让他一步，即使对方的技术敌不过你，你也得让对方获得胜利。但是一味退让，便表现不出你的真实本领，也许会使对方误认为你的技术不太高明，反而产生无足轻重的心理。所以你与他比赛的时候，应该施展你的相当本领，先造成一个均势之局，使对方知道你不是一个弱者；进一步再施小技，把他逼得很紧，使他神情紧张，才知道你是个能手；再一步，故意留个破绽，让他突围而出，从劣势转为均势，从均势转为优势，结果把最后的胜利让给对方。对方得到这个胜利不但费过许多心力而且危而复安，精神一定十分愉快，对你也有敬佩之心。

不过安排破绽必须十分自然，千万不要让对方明白这是你故意使他胜利，否则便觉得你虚伪。所面临的难题，是起初你还能以理智自持，比赛到后来，感情一时冲动，好胜心勃发，不肯再作让步，也是常有的事。或者在有意无意之间，无论在神情上、在语气上还是在举止上，都不免流露出故意让步的意思，那就白费“心机”了。

生活中常常有些人，无理争三分，得理不让人，小肚鸡肠。相反，有些人真理在握，不声不响，得理也让人三分，显出君子风度。前者，往往是生活中的不安定因素，后者则具有一种天然的向心力。

时下里流行的“玩深沉”，就是讲究隐藏与“心机”。其实这种场合玩点深沉正显示了大度。争强好胜者未必掌握真理，而谦逊的人，原本就把出人头地看得很淡，更不屑说一点小是小非的争论，根本不值得一提。若是有理，却表现得谦逊，往往能显示出一个人的胸襟之坦荡、修养之深厚。

## 喜怒不形于色



不管你心里有多大波涛在起伏，你都不要表现出来，都要藏在心里。这样做的原因有二：其一，你心里的事是你自己的，让别人来一同承受是不公平的。其二，你都表现出来，人家会觉得你这个人太浅薄，什么事都藏不住。

在生活中，喜怒不形于色的人往往能够成大事。

此种人并非是卑躬屈膝，装出笑脸，更不是为了奉承上司，强颜欢笑，而是始终保持自然的神态，喜怒不形于色。没有一定的知识和阅历的人，尤其是刚工作不久的人，是很难做到的。但只要你想做，并不是不可能做到。你每天起床后，或睡觉之前，对自己说一声：“我绝不表现出不耐烦的神色。”以此警告自己，或者是在日记里仔细写出来，要每天持续不断地做。

自古以来，凡是成功者很少有因外界的事物而易喜易忧的。当然，人有时会高兴，有时不免忧愁，但千万不要被情绪所左右，因而将一切都表现在表面上。

当你有不愉快的事突然被上司看到，并因你不形于色感到奇怪，你应该高兴。因为上司会觉得:这个人遇到这种情况仍脸色不变,究竟此人是怎样的一个人呢？由此而无法透知你的“底细”。

当你被大家认定是不会随便改变脸色的人，你的上司可能早已在心里对你敬畏三分。无论上司如何骂你、嘲讽你、冷淡你,你都能默默忍受,连眉头都不皱一下,这种修养需要有相当的自信才可做到。

当你失意或得意时,都能泰然自若,不表现出不悦之色或骄矜之色,旁人看来,会觉得你很了不起。

与上司交涉时,要堂堂正正,谈论的道理要有证据,如此上司便不会不重视你。且于争辩时,你必须说一声:“我不敢跟你强争,否则会伤感情,但请你多多考虑。”如此一来,上司会觉得你替他保留了一点面子,抗拒心就会减少。如你逼他太甚,一定会激起他的怒火,他势必不肯认输,而跟你争辩到底,一场争斗就免不了了。

所以,我们要为对方留下一条退路。当你的上司向你表示折服,你一定要表示出你的诚意:“因为我有我的立场，因此不得不向你提出这些违背你的议案。事实上,我并不是要反驳,只是为了整体的利益才这样做,这点请多多包涵……幸亏能得到你的谅解,让我松了一口气,今后还请多多指教……”



不管是沉默还是有必要的争论,都必须就事论事,不带感情色彩,才会达到应有的效果。

# 第四章

## 宽容是成功的助推器

宽容是解除疙瘩的最佳良药，宽广胸襟是交友的一种境界，宽容会让你赢得更多的友谊。

## 宽容赢得友谊

欧玛尔是英国历史上唯一留名至今的剑手。他有一个与他势均力敌的敌手,同他斗了30年还不分胜负。在一次决斗中,敌手从马上摔下来,欧玛尔持剑跳到他身上,一秒钟内就可以杀死他。

但敌手这时做了一件事——向他脸上吐了一口唾沫。欧玛尔停住了,对敌手说:“咱们明天再打。”敌手糊涂了。

欧玛尔说:“30年来我一直在修炼自己,让自己不带一点儿怒气作战,所以我才能常胜不败。刚才你唾我的瞬间我动了怒气,这时杀死你,我就再也感不到胜利的感觉了。所以,我们只能明天重新开始。”

这场争斗永远也不会开始了,因为那个敌手从此变成了他的学生,他也想学会不带一点儿怒气作战。

## 不乘人之危



2000年12月17日,在英国的曼彻斯特城,英格兰超级足球联赛第18轮的一场比赛在埃弗顿队与西汉姆联队之间紧张地进行着。比赛只剩下最后一分钟时,场上的比分仍然是1∶1。这时,埃弗顿队的守门员杰拉德在扑球时扭伤了膝盖,球被传给了潜伏在禁区的西汉姆联队球员迪卡尼奥。

球场上原本沸腾的气氛顿时静了下来,所有的人都在等待。迪卡尼奥离球门只有12米左右,无需任何技术,只需要一点点力量,就可以从容地把球射进没有了守门员的球门。那样,西汉姆联队就将以2∶1获胜。在积分榜上,他们因此可以增加2分。而且,在此之前,埃弗顿队已经连败两轮,这个球一进,就将是苦涩的“三连败”。

在几万现场球迷的目光注视下,迪卡尼奥没有踢出“决胜的一脚”,而是弯下腰,把球稳稳抱到怀中……全场因惊异而出现了片刻的沉寂,继而突然掌声雷动。

如潮水般滚动的掌声,把赞美献给了放弃射门的迪卡尼奥。

## 用微笑对待欺骗

阿根廷著名的高尔夫球手罗伯特·德·温森多是一个非常豁达的人。

有一次温森多赢得一场锦标赛。领到支票后，他微笑着从记者的重围中走出来，到停车场准备回俱乐部。这时候一个年轻的女子向他走来。她向温森多表示祝贺后又说她可怜的孩子病得很重——也许会死掉，而她却不知如何才能支付起昂贵的医药费和住院费。

温森多被她的讲述深深打动了，他二话没说，掏出笔，在刚赢得的支票上飞快地签了名，然后塞给那个女子，说："这是这次比赛的奖金。祝可怜的孩子早日康复！"

一个星期后，温森多正在一家乡村俱乐部吃午餐，一位职业高尔夫球联合会的官员走过来，问他前一周是不是遇到一位自称孩子病得很重的年轻女子。



"是停车场的孩子们告诉我的。"官员说。

温森多点了点头，说有这么一回事，又问："到底怎么啦？"

"哦，对你来说这是一个坏消息，"官员说，"那个女子是个骗子，她根本就没有什么病得很重的孩子。她甚至还没有结婚哩！你让人给骗了！"

"你是说根本就没有一个小孩子病得快死了？"

"是这样的，根本就没有。"官员答道。

温森多长吁了一口气，然后说："这真是我一个星期以来听到的最好的消息。"

## 应有的品质和高尚的品质

从前有一个富翁，他有三个儿子，在他年事已高的时候，富翁决定把自己的财产全部留给三个儿子中的一个。可是，到底要把财产留给哪一个儿子呢？富翁于是想出了一个办法：他要三个儿子都花一年时间去游历世界，回来之后看谁做到了最高尚的事情，谁就是财产的继承者。

一年时间很快就过去了，三个儿子陆续回到家中，富翁要三个人都讲一讲自己的经历。大儿子得意地说："我在游历世界的时候，遇到了一个陌生人，他十分信任我，把一袋金币交给我保管，可是那个人却意外去世了，我就把那袋金币原封不动地交还给了他的家人。”二儿子自信地说：“当我旅行到一个贫穷落后的村落时，看到一个可怜的小乞丐不幸掉到湖里了，我立即跳下马，从湖里把他救了起来，并留给他一笔钱。”三儿子犹豫地说：“我，我没有遇到两个哥哥碰到的那种事，在我旅行的时候遇到了一个人，他很想得到我的钱袋，一路上千方百计地害我，我差点死在他手上。可是有一天我经过悬崖边，看到那个人正在悬崖边的一棵树下睡觉，当时我只要抬一抬脚就可以轻松地把他踢到悬崖下，我想了想，觉得不能这么做，正打算走，又担心他一翻身掉下悬崖，就叫醒了他，然后继续赶路了。这实在算不了什么有意义的经历。”富翁听完三个儿子的话，点了点头说道：“诚实、见义勇为都是一个人应有的品质，称不上是高尚。有机会报仇却放弃，反而帮助自己的仇人脱离危险的宽容之心才是最高尚的。我的全部财产都是老三的了。”

## 宽容过的幸福



在日常生活中，难免会发生这样的事：亲密无间的朋友，无意或有意做了伤害你的事，你是宽容他，还是从此分手，或待机报复？有句话叫“以牙还牙”，分手或报复似乎更符合人的本能心理。但这样做了，怨会越结越深，仇会越积越多，真是冤冤相报何时了。如果你在切肤之痛后，采取别人难以想象的态度，宽容对方，表现出别人难以达到的襟怀，你的形象瞬时就会高大起来，你的宽宏大量、光明磊落使你的精神达到了一个新的境界，你的人格折射出高尚的光芒。

宽容，作为一种美德受到了人们的推崇，作为一种人际交往的心理因素也越来越受到人们的重视。

一般人总认为，做了错事得到报应才算公平，但英国诗人济慈说：“人们应该彼此容忍，每个人都有缺点，在他最薄弱的方面，每个人都能被切割捣碎。”每个人都有弱点与缺陷，都可能犯下这样或那样的错误。作为肇事者要竭力避免伤害他人，但作为当事人要以博大胸怀宽容对方，避免怨恨和消极情绪的产生，消除人为的紧张，愈合身心的创伤。美国第三任总统杰斐逊与第二任总统亚当斯从恶交到宽恕就是一个生动的例子。

杰斐逊在就任前夕，到白宫去想告诉亚当斯说，他希望针锋相对的竞选活动并没有破坏他们之间的友谊。但据说杰斐逊还来不及开口，亚当斯便咆哮起来："是你把我赶走的！是你把我赶走的！"从此两人没有交谈达数年之久。直到后来杰斐逊的几个邻居去探访亚当斯，这个坚强的老人仍在诉说那件难堪的事，但接着冲口说出："我一直都喜欢杰斐逊，现在仍然喜欢他。"邻居把这话传给了杰斐逊，杰斐逊便请了一个彼此皆熟悉的朋友传话，让亚当斯也知道他的深情。后来，亚当斯回了一封信给他，两人从此开始了美国历史上最伟大的书信往来。这个例子告诉我们，宽容是一种多么可贵的精神和高尚的人格。

宽容意味着理解和通融，是融合人际关系的催化剂，是友谊之桥的紧固剂。宽容还能将敌意化解为友谊。戴尔?卡耐基在电台上介绍《小妇人》的作者时心不在焉地说错了地理位置。其中一位听众就写信来骂他，把他骂得体无完肤。他当时真想回信告诉她："我把区域位置说错了，但从来没有见过像你这么粗鲁无礼的女人。"但他控制了自己，没有向她回击，他鼓励自己将敌意化解为友谊。他自问："如果我是她的话，可能也会像她一样愤怒吗？"他尽量站在她的立场上来思索这件事情。他打了个电话给她，再三向她承认错误并表示道歉。这位太太终于表示了对他的敬佩，希望能与他进一步深交。



## 知己识人，是为仁心

一个乐于助人的青年遇到了困难，想起自己平时帮助过许多朋友，于是他去找他们求助。

然而对于他的困难，朋友们全都视而不见、听而不闻。真是一帮忘恩负义的家伙！

他怒气冲冲，他的愤怒以至于无法自己排遣，百般无奈，他去找一位智者。

智者说："助人是好事，然而你却把好事做成了坏事。"

"为什么这样说呢？"他大惑不解。

智者说："首先，你开始就缺乏识人之明，那些没有感恩之心的人是不值得帮助的，你却不分青红皂白地帮助，这是你的眼拙；其次，你手拙，假如你在帮助他们的时候同时也培养他们的感恩之心，不致让他们觉得你对他们的帮助天经地义，事情也许不会发展到这步田地，可是你没有这样做；第三，你心拙，在帮助他人的时候，应该怀着一颗平常心，不要时时觉得自己在行善，觉得自己在物质和道德上都优越于他人，你应该只想着自己是在做一件力所能及的小事。比起更富者，你是穷人；比起更善者，你是凡人。不要觉得你帮了别人，应该这样想：是上帝借着你的手帮了别人，一切归于上帝，不要归于你自己。”

## 好施者一定收获更多

两个钓鱼高手一起到鱼塘垂钓。这两人各凭本事，一显身手，没多大工夫，都大有收获。忽然间，来了十多名游客，看到这两位高手轻轻松松就把鱼钓上来，不免感到几分羡慕，于是都到附近买了一些钓竿来试试自己的运气如何。没想到，这些不擅此道的游客，怎么钓也是毫无成果。

那两位钓鱼高手，个性不同。其中一人孤僻而不爱搭理别人，单享独钓之乐；而另一位高手，却是个热心、豪放、爱交朋友的人。爱交朋友的这位高手，看到游客钓不到鱼，就说：“这样吧！我来教你们钓鱼，如果你们学会了我传授的诀窍而钓到一大堆鱼时，每十尾就分给我一尾，不满十尾就不必给我。”双方一拍即合，很快达成了协议。

教完这一群人，他又到另一群人中，同样也传授钓鱼术，依然要求每钓十尾回馈给他一尾。一天下来，这位热心助人的钓鱼高手把所有时间都用于指导垂钓者，获得的竟是满满一大篓鱼，还认识了一大群新朋友。

同来的另一位钓鱼高手，却没享受到这种服务于人的乐趣。当大家围绕着他的同伴学钓鱼时，那人更显得孤单落寞。闷钓一整天，检视竹篓里的鱼，收获也远没有同伴的多。

## 助人解脱，自己超生

纪伯伦年轻的时候，曾经拜访过一位圣人。这位圣人住在山那边一个幽静的林子里。正当纪伯伦和圣人谈论着什么美德的时候，一个土匪瘸着腿吃力地爬上山岭。他走进树林，跪在圣人面前说："啊，圣人，请你解脱我的罪过。我罪孽深重。"

圣人答道："我的罪孽也同样深重。"

土匪说："但我是盗贼。"

圣人说："我也是盗贼。"

土匪又说："但我还是个杀人犯，多少人的鲜血还在我耳中翻腾。"

圣人回答说："我也是杀人犯，多少人的热血也在我耳中呼唤。"

土匪说："我犯下了无数的罪行。"

圣人回答："我犯下的罪行也无法计算。"

土匪站了起来，他两眼盯着圣人，露出一种奇怪的神色。然后他就离开了圣人，连蹦带跳地跑下山去。

纪伯伦转身去问圣人："你为何给自己加上莫须有的罪行？你没有看见此人走时已对你失去信任？"

圣人说道："是的，他已不再信任我，但他走时毕竟如释重负。"

正在这时，他们听见土匪在远处引吭高歌，回声使山谷充满了欢乐。



## 主动先伸出友谊之手

从前，苏伯比亚小镇有两个叫乔治和吉姆的邻居，但他们确实不是什么好邻居。虽然谁也记不清到底是为什么，但就是彼此不和。他们只知道不喜欢对方，这个原因就足够了。

所以他们时有口角发生。尽管夏天在后院开除草机除草时车轮常常碰在一起，但多数情况下双方连招呼也不打。

后来，夏天的晚些时候，乔治和妻子外出两周去度假。开始吉姆和妻子并未注意到他们走了。因为除了口角之外，他们相互间很少说话。

但是一天傍晚吉姆在自家院子除过草后，注意到乔治家的草已很高了。因为自家草坪刚刚除过，所以看上去特别显眼。

对开车过往的人来说，乔治和妻子很显然是不在家，而且已离开很久了。吉姆想这等于公开邀请夜盗入户，而后一个想法像闪电一样攫住了他。

"我又一次看看那高高的草坪，心里真不愿去帮我不喜欢的人。"吉姆说，“不管我多想从脑子里抹去这种想法，但去帮忙的想法却挥之不去。第二天早晨我就把那块长疯了的草坪除好了！

“几天之后，乔治和妻子在一个周日的下午回来了。他们回来不久，我就看见乔治在街上走来走去。他在整个街区每所房子前都停留过。

“最后他敲了我的门，我开门时，他站在那儿正盯着我，脸上露出奇怪和不解的表情。

“过了很久，他才说话，‘吉姆，你帮我除草了？’他最后问。这是他很久以来第一次叫我吉姆。‘我问了所有的人，他们都没除。杰克说是你干的，是真的吗？是你除的吗？’他的语气几乎是在责备。

“是的，乔治，是我除的。我说，几乎是挑战性地，因为我等着他为了我除他的草而大发雷霆。

“他犹豫了片刻，像是在考虑要说什么。最后他用低得几乎听不见的声音嘟囔说谢谢之后，急转身马上走开了。”

乔治和吉姆之间就这样打破了沉默。他们还没发展到在一起打高尔夫球或保龄球，他们的妻子也没有为了互相借点糖或是闲聊而频繁地走动，但他们的关系却在改善。至少除草机开过的时候他们相互间有了笑容，有时甚至说一声“你好”。



## 一枚硬币

托尔斯泰虽然很有名，又出身贵族，却喜欢和平民百姓在一起，与他们交朋友，从不摆大作家的架子。

一次他长途旅行时，路过一个小火车站。他想到车站上走走，便来到月台上。这时，一列客车正要开动，汽笛已经拉响了。托尔斯泰正在月台上慢慢走着，忽然，一位女士从列车车窗里冲他直喊：“老头儿！老头儿！快替我到候车室把我的手提包取来，我忘记提过来了。”

原来，这位女士见托尔斯泰衣着简朴，还沾了不少尘土，把他当做车站的搬运工了。

托尔斯泰赶忙跑进候车室拿来提包，递给了这位女士。

女士感激地说：“谢谢啦！”随手递给托尔斯泰一枚硬币：“这是赏给你的。”托尔斯泰接过硬币，瞧了瞧，装进了口袋。

正巧,这位女士身边有个旅客认出了这个风尘仆仆的“搬运工”就是托尔斯泰,就大声对女士叫道:“太太,您知道您赏钱给谁了吗?他就是列夫·托尔斯泰呀!”

“啊!老天爷呀!”女士惊呼起来,“我这是在干什么事呀!”她对托尔斯泰 急切地解释说:“托尔斯泰先生!托尔斯泰先生!看在上帝的面儿上,请别计较!请把硬币还给我吧,我怎么会给您小费,多不好意思!我这是干出什么事来啦。”

“太太,您干吗这么激动?”托尔斯泰平静地说,“您又没做什么坏事!这个硬币是我挣来的,我得收下。”

汽笛再次长鸣,列车缓缓开动,带走了那位惶恐不安的女士。托尔斯泰微笑着,目送列车远去,又继续他的旅行了。

## 谦虚谨慎是人的第一美德



谦虚谨慎是成功人士必备的品格,具有这种品格的人,在待人接物时才能温和有礼、平易近人、尊重他人,善于倾听他人的意见和建议,才能虚心求教,取长补短。对待自己有自知之明,在成绩面前不居功自傲;在缺点和错误面前不文过饰非,能主动采取措施进行改正。谦虚谨慎永远是一个人建功立业的前提和基础。

不论你从事何种职业,担任什么职务,只有谦虚谨慎,才能保持不断进取的精神,才能增长更多的知识和才干,因为谦虚谨慎的品格能够帮助你看到自己的差距。永不自满,不断前进可以使人能冷静地倾听他人的意见和批评,谨慎从事。否则,骄傲自大,满足现状,停步不前,主观武断,轻者使工作受到损失,重者会使事业半途而废。

具有谦虚谨慎品格的人不喜欢装模作样、摆架子、盛气凌人,能够虚心向群众学习,了解群众的情况。美国第三届总统托马斯·杰斐逊说过:“每个人都是你的老师。”杰斐逊出身贵族,他的父亲曾经是军中的上将,母亲是名门之后。当时的贵族除了发号施令以外,很少与平民百姓交往,他们看不起平民百姓。然而,杰斐逊没有秉承贵族阶层的恶习,主动与各阶层人士交往。他的朋友中当然不乏社会名流,但更多的是普通的园丁、仆人、农民或者是贫穷的工人。他善于向各种人学习,懂得每个人都有自己的长处。有一次，他和法国伟人拉法叶特说："你必须像我一样到民众家去走一走，看一看他们的菜碗，尝一尝他们吃的面包，只要你这样做了的话，你就会了解到民众不满的原因，并会懂得正在酝酿的法国革命的意义了。"由于他作风扎实，深入实际，他虽高居总统宝座，却很清楚民众究竟在想什么，他们到底需要什么。这样，他就在密切群众关系的基础上，成为一代伟人。

谦虚谨慎的品格还能使一个人面对成功、荣誉时不骄傲，把它视为一种激励自己继续前进的力量，而不会陷在荣誉和成功的喜悦中不能自拔，也不会把荣誉当包袱背起来，不再进取。居里夫人以她谦虚谨慎的品格和卓越的成就获得了世人的称赞，她对荣誉的特殊见解使很多喜欢居功自傲、浅尝辄止的人汗颜不已。也正因为她的高尚品格的影响，之后她的女儿和女婿也踏上了科学研究之路，并再次获得了诺贝尔奖，成为令人敬仰的两代人三次获诺贝尔奖的家庭。

## 谎言总有被揭穿的那一天



左琴科上学读书是很久以前的事了。那时，教师把每次提问所得的成绩写在记分册上，从 5 分到 1 分。

左琴科进学校的时候，年龄还很小，上的是预备班。当时他才 7 岁。

对于学校的情况，左琴科一无所知，因此，最初的 3 个月里他简直是懵懵懂懂。有一次，老师布置他们背诗。可是，左琴科没背会那首诗，他压根儿没听见老师的讲话。因为坐在他后边的几个同学不是用书包拍他的后脑勺，就是用墨水涂他的耳朵，再不就揪他的头发。因此，左琴科坐在教室里总是提心吊胆，甚至呆头呆脑，时时刻刻提防着，生怕坐在后面的同学再想出什么招儿来捉弄自己。第二天，仿佛与左琴科作对似的，老师偏偏叫他起来背那首诗。左琴科不仅背不出来，而且都没想到过世界上会有这么一首诗。教师说："好吧，把你的记分册拿来，我给你记个 1 分。"

于是左琴科哭了，因为他还是第一次得 1 分。不过他并不清楚这会带来什么后果。

课后，他的姐姐廖利亚来找他一起回家。看了他的记分册，她说："左琴科，这下可糟了！老师给你的语文打了 1 分，这事儿真糟！再过 2 个星期就是你的生日，我想，爸爸不会送照相机给你了。”

左琴科说：“那可怎么办呢？”

廖利亚说：“我们有个同学干脆把记分册上有1分的那一页和另一页粘在一起，她的爸爸用手指舔上唾沫也没能揭开，这样也就没有看到那个分数。”

左琴科说：“廖利亚，骗爸爸妈妈，这不好吧？”

廖利亚笑着回家了。而左琴科呢？他忧心忡忡地来到市立公园，坐在那儿的长凳上，翻开记分册，怀着恐惧的心情盯着上面的1分。

左琴科在公园里坐了很久，然后就回家了。已经快到家了，他才突然想起，自己把记分册丢在公园里的长凳上了。他又跑回公园，可是记分册已经不翼而飞。起先他很害怕，继而又高兴起来，因为这下他没有记着1分的记分册了。

回到家里，左琴科告诉父亲，记分册被他搞丢了。廖利亚听了他的话笑了起来，并对他眨眨眼睛。

第二天，老师知道左琴科的记分册丢了，又给他发了一本新的。



左琴科翻开这本新的记分册，指望上面没有一个坏分数，但在语文栏内还是有个1分，而且笔道更粗。

左琴科顿时十分懊丧，简直气极了，就把新的记分册往教室里的书柜后面一扔。

两天以后，老师知道左琴科的这本记分册也丢了，又给他一份新的，除了语文有个1分外，老师还在上面给左琴科的品行打了个2分，并且说，一定要把记分册交给他的父亲看。

课后，左琴科见到廖利亚，她说：“如果我们暂时把记分册上的那一页粘起来，这不算撒谎。一个星期以后，等你生日那天拿到了照相机，我们再把它分开，让爸爸看上面的分数。”

左琴科很想得到照相机，于是就和廖利亚一起把记分册上那倒霉的一页的四只角都粘了起来。

晚上，爸爸说：“喂，把记分册拿来！我想看看，你不至于会有1分吧？”爸爸打开了记分册，但上面一个坏分数也没有，因为那一页被粘起来了。

爸爸正翻阅着左琴科的记分册，楼梯上突然传来了门铃声。

一位妇女走进来说：“前几天我在市立公园散步，在那里的长凳上看到一本记分册，根据姓氏我打听到地址，就把它给您送来了，让您看看，是不是您的儿子把它搞丢了？”

爸爸看了看记分册，当他看到上面有个1分，就一切都明白了。

他没有骂左琴科，只是轻轻地说：“那些讲假话、搞欺骗的人是十分滑稽可笑的，因为谎言或迟或早总是要被揭穿的，要想人不知，除非己莫为。”

左琴科站在爸爸面前，满脸通红。他沉默了好久说：“还有一件事：我把另外一本打了1分的记分册扔到学校里的书柜后面了。”

爸爸没有更加生气，他的脸上反而露出了笑容，显得很高兴。他抓住左琴科的双手吻了吻，说：“你能把这件事老老实实说出来，这使我非常非常高兴。这件事可能长时间内没有人知道，但你承认了，这就使我相信，你再也不会撒谎。就为这一点我送给你一架照相机。”

## 坚持一种契约精神



犹太人做生意十分注重合同。出口商比尔与犹太商人拉克签订了10000箱蘑菇罐头合同，合同规定为：“每箱20罐，每罐100克。”但出口商比尔在出货时，却装运了10000箱150克的蘑菇罐头。货物的重量虽然比合同多了50%，但犹太商人拉克拒绝收货。出口商比尔甚至同意超出合同重量不收钱，而拉克仍不同意，并要求索赔。比尔无可奈何，赔了拉克10多万美元后，还要把货物另作处理。

此事看起来似乎是拉克太不通情理，多给他货物也不要。事实不是那么简单。犹太人精于经商，十分清楚国际贸易法规和国际惯例。他们懂得，合同的品质条件是一项重要条件，或者称为“实质性的条件”。合同规定的商品规格是每罐100克，而出口商交付的每罐却是150克，虽然重量多了50克，但卖方未按合同规定的规格条件交货，是违反合同的。按国际惯例，犹太商人完全有权拒绝收货并提出索赔。根据联合国公约，出口商的行为是根本违反合同的。犹太商人此举是站得住脚的。

此外，还有个适销对路的问题。犹太商购买不同规格的商品是有一定的商业目的的，包括适应消费者的爱好和习惯、市场供需的情况、对付竞争对手的策略等。如果出口方装运的150克蘑菇罐头不适应市场消费习惯，即使每罐多给 50 克并不加价，进口方的犹太商人也不会接受，因为这反而打乱了他的经营计划，有可能使其销售通路和商业目标受到损失，其后果是十分严重的。

最后，这还有可能会给买方犹太商人带来意想不到的麻烦。假设犹太进口商所在国是实行进口贸易管制比较严格的国家，如果进口商申请进口许可证重量是 100 克，而实际到货是 150 克，其进口重量比进口许可证重量多了 50%，很可能遭到进口国有关部门的质疑，甚至会被怀疑有意逃避进口管理和关税，以多报少，是要受到追究责任和罚款的。

# 第五章

## 让生命的激流荡涤灵魂

花草的种子先要穿越沉重黑暗的泥土才得以在阳光下发芽，小鸟要经历跌打、失去无数根羽毛才能够锤炼出凌空的翅膀。作为一个小小的泥人，他只有凭借一种奇迹般的勇气和毅力，才能够让生命的激流荡清灵魂的污浊，然后才会露出自己本来就有的那颗金子般的心。

## 明确目标最重要

有一个 25 岁的小伙子,因为对自己的工作不满意,他跑来向柯维咨询。他对自己的生活目标是:找一个称心如意的工作,改善自己的生活处境。

“那么,你到底想做点什么呢?”柯维问。

“我也说不太清楚,” 年轻人犹豫不决地说,“我还从没有考虑过这个问题。我只知道我的目标不是现在的这个样子。”

“那么你的爱好和特长是什么呢?”柯维接着问,“对于你来说,最重要的是什么?”

“我也不知道,”年轻人回答说,“这一点我也没有仔细考虑过。”

“如果让你选择,你想做什么呢? 你真正想做的是什么?”柯维对这个话题穷追不舍。

“我真的说不准,”年轻人困惑地说,“我真的不知道我究竟喜欢什么,我从没有仔细考虑这个问题,我想我确实应该好好考虑考虑了。”

“那么,你看看这里吧,”柯维说,“你想离开你现在所在的位置,到其他地方去。但是,你不知道你想去哪里,你不知道你喜欢做什么,也不知道你到底能做什么。如果你真的想做点什么的话,那么,现在你必须拿定主意。”

柯维和年轻人一起进行了彻底的分析。柯维对这个年轻人的能力进行了测试,他发现这个年轻人对自己所具备的才能并不了解。柯维知道,对每一个人来说,前进的动力是不可缺少的,因此,他教给年轻人培养信心的技巧。现在,这位年轻人已经满怀信心地踏上了成功的征途。

现在,他已经知道他到底想干什么,知道他应该怎么做。他懂得怎样才能事半功倍,他期待着收获,他也一定能获得成功——因为没有什么困难能挡住他前进的脚步。

## 老钟表匠的启示

从前,德国有一位很有才华的年轻诗人,写了许多吟风咏月、写景抒情的诗篇。可是他却很苦恼,因为人们都不喜欢读他的诗。这到底是怎么一回事呢?难道是自己的诗写得不好吗?不,这不可能!年轻的诗人向来不怀疑自己在这方面的才能。于是,他去向父亲的朋友——一位老钟表匠请教。

老钟表匠听后一句话也没说,把他领到一间小屋里,里面陈列着各色各样的名贵钟表。这些钟表,诗人从来没有见过,它们有的外形像飞禽走兽,有的会发出鸟叫声,有的能奏出美妙的音乐……

老人从柜子里拿出一个小盒,把它打开,取出了一只式样特别精美的金壳怀表。这只怀表不仅式样精美,更奇异的是:它能清楚地显示出星象的运行、大海的潮汛,还能准确地标明月份和日期。这简直是一只"魔表"!诗人爱不释手。他很想买下这个"宝贝",就开口问表的价钱。老人微笑了一下,只要求用这"宝贝"换下青年手上的那只普普通通的表。

诗人对这块表真是珍爱之极,吃饭、走路、睡觉都戴着它。可是,过了一段时间之后,他渐渐对这块表不满意起来。最后,他竟跑到老钟表匠那儿要求换回自己原来的那块普通的手表。老钟表匠故作惊奇,问他对这样珍奇的怀表还有什么感到不满意。

青年诗人遗憾地说:"它不会指示时间,可表本来就是用来指示时间的。我带着它却不知道时间,要它还有什么用处呢?有谁会来问我大海的潮汛和星象的运行呢?这表对我实在没有什么实际用处。"

老钟表匠还是微微一笑,把表往桌上一放,拿起了这位青年诗人的诗集,意味深长地说:"年轻的朋友,让我们努力干好各自的事业吧。你应该记住:要给人们带来用处。"

诗人这时才恍然大悟,从心底明白了这句话的深刻含义。

## 不要向人生认输

有人曾经做过这样一个实验:往一个玻璃杯里放进一只跳蚤,发现跳蚤立即轻易地跳了出来。再重复几遍,结果还是一样。一测试,原来跳蚤跳的高度一般可达它身体的100多倍。

接下来实验者再次把这只跳蚤放进杯子里，不过这次是立即在杯子上加了一个玻璃盖，“嘣”的一声，跳蚤重重地撞在玻璃盖上。跳蚤十分困惑，但是它不会停下来，因为跳蚤的生活方式就是“跳”。一次次被撞，跳蚤开始变得聪明起来了，它开始根据盖子的高度来调整自己跳的高度。再一阵子以后呢，实验者发现这只跳蚤再也没有撞击到这个盖子，而是在盖子下面自由地跳动。

一天后，实验者开始把这个盖子轻轻拿掉，可它还是在原来的这个高度继续地跳。三天以后，他发现这只跳蚤还在那里跳。

一周以后，这只可怜的跳蚤还在这个玻璃杯里不停地跳着，其实它已经无法跳出这个玻璃杯了。

生活中，是否有许多人也在过着这样的“跳蚤人生”？年轻时意气风发，屡屡去尝试成功，但是往往事与愿违，屡屡失败。几次失败以后，他们不是千方百计地去追求成功，而是一再地降低成功的标准，即使原有的一切限制都已取消，就像刚才的“玻璃盖”虽然已被取掉，但他们早已经被撞怕了，或者已习惯了，而不再跳上新的高度了。



人们往往因为害怕而放弃去追求成功，甘愿忍受失败者的生活。

难道跳蚤真的不能跳出这个杯子吗？绝对不是。只是它的心里面已经默认了这个杯子的高度是自己无法逾越的。

## 了解自己的能力

有一位武术大师隐居于山林中。

听到他的名声，人们都千里迢迢来寻找他，想跟他学些武术方面的窍门。

他们到达深山的时候，发现大师正从山谷里挑水。

他挑得不多，两只木桶里水都没有装满。

按他们的想象，大师应该能够挑很大的桶，而且挑得满满的。

他们不解地问：“大师，这是什么道理？”

大师说：“挑水之道并不在于挑多，而在于挑得够用。一味贪多，适得其反。”众人越发不解。

大师从他们中拉了一个人，让他重新从山谷里打了两满桶水。那人挑得非常吃力，摇摇晃晃，没走几步，就跌倒在地，水全都洒了，那人的膝盖也摔破了。

“水洒了，岂不是还得回头重打一桶吗？膝盖破了，走路艰难，岂不是比刚才挑得还少吗？”大师说。

“那么大师，请问具体挑多少怎么估计呢？”

大师笑道：“你们看这个桶。”

众人看去，桶里画了一条线。

大师说：“这条线是底线，水绝对不能高于这条线，高于这条线就超过了自己的能力和需要。起初还需要画一条线，挑的次数多了就不用看那条线了，凭感觉就知道是多是少。有这条线，可以提醒我们，凡事要尽力而为，也要量力而行。”

众人又问：“那么底线应该定多高呢？”

大师说：“一般来说，越低越好，因为低的目标容易实现，人的勇气不容易受到挫伤，相反会培养起更大的兴趣和热情，长此以往，循序渐进，自然会挑得更多、挑得更稳。”



## 稳步走向成功

报纸上曾经报道一位拥有 100 万美元的富翁，原来却是一位乞丐。在许多人心中难免怀疑：依靠人们施舍一分、一毛的人，为何却拥有如此巨额的存款？事实上，这些存款当然并非凭空得来，而是由一点点小额存款累聚而成。一分到十元，到千元、到万元，到百万，就这么积聚而成。若想靠乞讨很快存满 100 万美元，那是几乎不可能的。

为了要达成主目标，不妨先设定“次目标”，这样会比较容易达到目的。许多人会因目标过于远大，或理想太过崇高而易于放弃，这是很可惜的。若设定了“次目标”，便可较快获得令人满意的成绩，能逐步完成“次目标”，心理上的压力也会随之减小，主目标总有一天也能完成。

曾经有一位 63 岁的老人计划从纽约市步行到佛罗里达州的迈阿密市。经过长途跋涉，克服了重重困难，她到达了迈阿密市。在那儿，有位记者采访了她。记者想知道，这路途中的艰难是否曾经吓倒过她？她是如何鼓起勇气,徒步旅行的?

老人答道:“走一步路是不需要勇气的。我所做的就是这样。我先走了一步,接着再走一步,然后再一步,我就到了这里。”

## 样样通,不如一样精

聪明人能够专注地干好一件事,直到成功,勒韦就是这样一个聪明人。

勒韦是美国的著名医师及药理学家,1936 年荣获诺贝尔生理学及医学奖。

勒韦 1873 年出生于德国法兰克福的一个犹太人家庭。从小喜欢艺术,绘画和音乐都有一定的水平。但他的父母是犹太人,他们对犹太人深受各种歧视和迫害心有余悸,不断敦促儿子不要学习和从事那些涉及意识形态的行业,要他专攻一门科学技术。他们认为,学好数理化,可以走遍天下都不怕。

在父母的教育下,勒韦进入大学学习时,放弃了自己原来的爱好和专长,进入施特拉斯堡大学医学院学习。

勒韦是一位勤奋志坚的学生,他不怕从头学起,他相信专注于一,必定会成功。他带着这一心态,很快进入了角色,他专心致志于医学课程的学习。心态是行动的推进器,他在医学院攻读时,被导师的学识和专心钻研的精神所吸引。这位导师是著名的内科医生。勒韦在这位教授的指导下,学业进展很快,并深深体会到医学也大有施展才华的天地。

勒韦从医学院毕业后,他先后在欧洲及美国一些大学从事医学专业研究,在药理学方面取得较大进展。由于他在学术上的成就,奥地利的格拉茨大学于 1921 年聘请他为药理教授,专门从事教学和研究。在那里他开始了神经学的研究,通过青蛙迷走神经的试验,第一次证明了某些神经合成的化学物质可将刺激从一个神经细胞传至另一个细胞,又可将刺激从神经元传到应答器官。他把这种化学物质称为“乙醚胆碱”。1929 年他又从动物组织中分离出该物质。勒韦对化学传递的研究成果是一个前人未有的突破,对药理及医学作出了重大贡献,因此,1936 年他与戴尔获得了诺贝尔生理学及医学奖。

勒韦是犹太人，尽管他是杰出的教授和医学家，但也如其他犹太人一样，在德国遭受了纳粹的迫害，当局把他逮捕，并没收了他的全部财产，取消了他的德国籍。后来，他逃脱了纳粹的监察，辗转到了美国，并加入了美国籍，受聘于纽约大学医学院，开始了对糖尿病、肾上腺素的专门研究。勒韦对每一项新的科研都能专心致志，不久，他的这几个项目都获得新的突破，特别是设计出检测胰脏疾病的勒韦氏检法，对人类医学又作出了重大贡献。

## 比尔·盖茨会选择什么

2001 年 5 月，美国内华达州的麦迪逊中学在入学考试时出了这么一个题目：比尔·盖茨的办公桌上有 5 只带锁的抽屉，分别贴着财富、兴趣、幸福、荣誉、成功 5 个标签，盖茨总是只带一把钥匙，而把其他的 4 把锁在抽屉里，请问盖茨带的是哪一把钥匙？其他的 4 把锁在哪一只或哪几只抽屉里？



一位刚移民美国的外国学生恰巧赶上这场考试，看到这个题目后，一下慌了手脚，因为他不知道它到底是一道语文题还是一道数学题。考试结束，他去问他的担保人——该校的一名理事。理事告诉他那是一道智能测试题，内容不在书本上，也没有标准答案，每个人都可根据自己的理解自由地回答，但是老师有权根据他的观点给一个分数。

外国学生在这道 9 分的题上得了 5 分。老师认为，他没答一个字，至少说明他是诚实的，凭这一点应该给一半以上的分数。让他不能理解的是，他的同桌回答了这个题目，却仅得了 1 分。同桌的答案是，盖茨带的是财富抽屉上的钥匙，其他的钥匙都锁在这只抽屉里。

后来，这道题通过 E-mail 被发回了这位外国学生原来所在的国家。这位学生在邮件中对同学说，现在我已知道盖茨带的是哪一把钥匙，凡是回答这把钥匙的，都得到了这位大富豪的肯定和赞赏，你们是否愿意测试一下，说不定从中还会得到一些启发。

同学们到底给出了多少种答案，我们不得而知。但是，据说有一位聪明的同学登上了美国麦迪逊中学的网页，他在该网页上发现了比尔·盖茨给该校的回函。函件上写着这么一句话：在你最感兴趣的事物上，隐藏着你人生的秘密。

# 太周密就会束缚住手脚

15年前，比尔已经决定自己要做一个电脑程序员。他的妻子认为这是个好想法，并且想知道他想到哪儿上学。

“我还不知道，”比尔回答说，“但是我明天将查查这些学校。”

比尔开始一一查找，甚至包括英国的一些学校。他尽可能地到那些学校同学校的师生交谈。很快他对每个学校和它们的课程设置积累了大量的信息。他也开始积累所有有关公司需求和行业走向的信息。

规划是一件很复杂的事。每一所学校都有其长处和短处，比尔一一审查。他觉得放弃每一种可能性都是可惜的。

毕竟他对具体的选择不是无所不知。他要把每一所学校的不同与整个行业、经济和社会的需求和走向相联系。比尔全面地审查，花了大量的时间去评估那些需求和趋势。而他在挑选学校时，还必须考虑如何养家糊口和与家人保持联系。在得到每一个新信息和考虑新因素时，比尔都要通盘考虑他的行动计划，花几星期、几个月甚至几年的时间对它所需要的和可能造成的后果进行调整和评估。比尔想找到成为电脑程序员的最好办法，整个1年他都在考虑，然后是整个2年、3年、4年……



一旦你对自己的目标有一个明晰的概念，你必须构造一个你认为能够保证目标实现的行动计划。例如，如果你决定去西雅图，你必须确定怎么到那儿。

你是开小车、坐巴士、坐飞机、坐船、坐火车，还是它们的综合？你将采取哪一条线路？什么时候动身？什么时候抵达？等等。换言之，在为自己确定目标后，有必要将这个目标分成几个必须采取的步骤，以使目标有可能实现。计划是一个菜谱，这个菜谱描述了制作《烹饪》杂志封面上令人垂涎欲滴的菜肴的方法。这个菜谱将告诉你需要什么原料，什么时候添加和怎么处置它们。但是，这个菜谱并没有为你制作菜肴，它仅仅告诉你如何去制作。

比尔当然认识到，要成为一个电脑程序员，他需要将目标分成几个必须采取的步骤。毕竟他不能仅仅走入霍尼韦尔公司，坐在电脑桌前并宣称自己是个程序员。比尔失误之处在于：他把这些行为划分为太小的单元，受要挑选最好的计划的标准所驱使，比尔忙于收集和分析堆积如山的信息和可能性之中。比尔最终形成的计划将是全面、清楚和天衣无缝的，这当然不错，但也有可能到他做出选择时，电脑将过时。比尔在细节中迷失了。

如此细致、周密的计划可能会造成需要和实现的大量延误，除此之外，如此狭隘、详细的计划在稍后还可能成为僵硬和失望的源泉。计划的目的是将你的行为引向某个具体的结果。但是，因为没人确切地知道未来，最详细的计划会很容易变得不合时宜。世界的不确定性决定了种种意外可能的存在：比尔选择的学校改变了入学要求；他计划从师的老师退休；他的妻子怀孕并且是双胞胎；他在现在的工作岗位上升职或他发觉他对电脑已失去兴趣等等。这时怎么办？由于他对所追求的未来的可能性进行无尽的细分，将使他在一条不再与他现状相符的道路上走下去。所以说，有时候太周密的计划会束缚住你前进的手脚。



## 人生不可以没有梦想

在一些著名人物的传记中，我们经常可以看到：他们往往要等上很多年，才能够获得成功。英国作家托尔金把自己半辈子的心血都花在他的三部曲史诗《行会首领》上。法国的萨特几乎用了10年的时间来写他的第一本书。在10年的时间中，萨特只专心撰写这唯一的一本书，三易其稿，可是最后却遭到了所有出版商的拒绝。试想一下：如果没有一个远大的愿望和梦想支撑着他们，他们能有这么大的动力吗？如果他们没有自己的梦想作为动力，他们又怎么会牺牲自己生命中这么多宝贵的时间呢？

很多艺术家们长达几年地专攻一幅画作、一本小说或一部戏剧，他们过着完全没有保障的生活，常常陷入贫困、经济拮据，但是所有这一切他们都可以置之不顾，只为了能够使自己的梦想成真。演员、歌唱家和舞蹈家也是如此，虽经几年的奋斗仍然不成功，但是他们却从不轻易放弃自己的理想，他们当中有许多人是经历了很多才成名的。如果问他们：付出这么多艰辛值得吗？他们会回答说：必要的话，还将一直这么做下去。一个人的梦想在他人的眼里也许会显得“很古怪”，但是这恰恰是一个人真正拥有的财富。

凡是努力工作、具有创造力的人，其最终目的就是为了实现自己的愿望。如果一个人没有了自己的愿望，那他就根本不可能有什么动力。

## 不要忘记为什么奔跑

为了达到你的目标，你必须避免那种被美国心理学家考克斯称之为“羚羊的思维”的东西。

一次，考克斯和约翰一起进行了在凌晨穿越赛伦吉提大平原的飞行。景色非常优美，他们能看见大象、狮子和大群羚羊穿过整个平原。

“羚羊的数量这么大，真是一件好事啊！”他们的非洲导游注意到他们正盯着那一大群羚羊时沉吟道，“否则，这个物种很快就会灭绝。”

考克斯问他为什么这么说，他笑了，然后指着一头停止奔跑的羚羊说：“你将会注意到那头羚羊跑不了多远了。它们停下来不是因为意识到有什么重要的事情需要思考，也不是因为它们累了，而是因为它们太愚蠢以至于忘记了当初它们为什么要奔跑。它们发现了天敌，本能地逃开，开始向相反的方向跑。但是它们忘记了是什么促使它们奔跑，甚至有时候是在最不适当的时候停下来。我曾经看见它们就停在天敌旁边，有时甚至向某个天敌走过去，似乎它们已经忘记了这就是在几分钟以前让自己惊慌失措的动物。它们就差冲上去说：嘿！狮子先生，你饿了吗？在找午餐吗？如果不是有一大群羚羊的话，我想这整个种群将在几个星期之内被消灭干净。”

当时，考克斯在热气球里很容易去嘲笑那些羚羊，而在这次飞行结束以后，他发现自己有了一个很有趣的想法——在现实的商业世界中，他曾经见过同样的问题。

是不是有许多人有规律的举动让你想起那些羚羊呢？他们有不错的主意，他们为自己设立了一个目标，而且为这个目标努力了一天或者仅仅半天。也许他们只是谨慎地四处溜达了40分钟罢了。40分钟以后，他们发现他们并没有达到目标。然后他们就会对自己说：“嗯，这太难了。这比我想象的难多了。”接着他们就会永远停在那里一动不动。

为了避免“羚羊思维”，你必须确定一个目标，然后坚持不懈地向它努力。你不想在路上停下来，而且当你的天敌逼近的时候，当然更不能停下来。当每天结束的时候,你必须好好总结一下,并且问自己:“距离我为自己设定的主要目标,今天我又走近了多少?”如果你对这个问题的真实答案是,今天你没有为达到目标做出什么有意义的行动,也就是说今天你停在路上,那么你必须决心从明天开始让自己振作起来。

## 只忙重要的事

日本作家川端康成获诺贝尔奖之后,受盛名之累,常被官方、民间包括电视广告商人等拉着去做这做那。文人难免天真,不擅应酬,心慈面软,不会推托;做事又过于认真,不懂敷衍。于是陷入忙乱的俗事重围,不知如何解脱,终于自杀,了此一生。据报道,川端临终前,曾为筹措笔会经费而心力交瘁,心情十分低落,也可能是促使他厌世自杀的原因之一,这当不是妄测之词。



固然,对一位作家来说,能获得诺贝尔奖,这口井已经算是凿得够深了。但如果他不被卷入使他烦倦不堪的琐事,而能依然宁静度日,以他东方式的丰富深邃的智慧,或可有更具哲理的创作流传于世。

湖滨散记的作者梭罗,为了要写一本书,而去森林中度过了两年隐士生活。他自己种豆和玉蜀黍为食,摆脱了一切剥夺他时间的琐事俗务,专心致志去体验林间湖上的景色和他心灵所产生的共鸣,并从中发现许多道理,完成了这本名著。

当然,人生有许多推不开的负担,但是,在这些负担之中,有许多是不必要的。太贪多、太求全,或太急切反而会使自己顾此失彼。

许多人在除了自己分内该忙的事情外,更要忙些不该忙的。如忙着应酬,忙着为了增加物质享用或虚荣而去赚钱,忙着奔走钻营去求地位。对自己已经着手的工作反而易于失去兴趣,时常见异思迁。

“能者多劳”是对一个有才干的人的赞誉,却也是对他的一种悲悯。

## 永不犯错只是因为平庸

小张到美国学习 2 年,顺利地拿到硕士学位,随即应征到一份相当不坏的工作。公司的业务蒸蒸日上,正在迅速地拓展,工作环境好,报酬佳,而升迁的机会尤多。以前与小张担任同一职位的两位美国人,都已先后加俸晋爵,独当一面去了。留学生在异国异乡,能谋得这样好的差事,真是祖上积德,哪还能不兢兢业业,万事小心。一年很快过去了,万幸天下太平,无差无错。

年终老板召见,小张心中不由漾起希望:“被提拔的二位同仁,做满一年,或多或少,总是犯了几件错,而我张某……”推开门,老板的笑容显得分外地亲切。小张遵嘱侧身危坐,听候佳音。

“张先生,你一年的工作情形很好……”老板瞄了下桌上的人事卷,顿了顿,调整一下语气,“不过公司要紧缩人事,这是件很不得已的事,想必你能谅解。依照规定,你可以领 3 个月的遣散费。相信你很快就会找到更好的工作。”

小张被这突如其来的消息震惊了,不知所措,还疑惑自己是否听错了话。停了好一阵,他仗着胆反问道:“您的意思是说我被炒鱿鱼了?犯了错?还是……”小张的语气不由得激动起来,“还是因为我是中国人,就被歧视?”

在强调保障工作机会平等的美国社会,“歧视”是项严重的控诉,老板不得不重视这个问题。

“张先生,不要激动。公司从几百封应征函里选中了你,可以知道对于你们中国人绝没有一点歧视的意思。你确实没有犯什么过错。而事实上,就是因为没有犯错,公司才这么做。你知道公司正在大力拓展业务,亟需能独当一面、创业立业的人才。公司对于你的能力、你的学识都算满意,但是对于你做事的方式不能接受。

我们都知道,人就是人,不是神。人都不能免于犯错。不犯错的人只有二种:一种人不做不错,只知道在现成的路上跟着别人走,有错也让别人犯。这种人或许不会犯错,但也不会从尝试与错误中进步。另一种人不是不犯错,而是犯了错,但隐藏蒙混得好,甚至强说那不是错……不管是哪一种‘不犯错的人’,都不是公司所需要的。”

# 第六章

## 机会不会光顾幻想者

“天下没有免费的午餐”，一切成功都要靠自己的努力去争取。机会需要把握，也需要创造。

## 想象成为成功者

一个中学的篮球队做了一个实验，把水平相当的队员分为三个小组，告诉第一个小组停止练习自由投篮一个月；第二组在一个月中每天下午在体育馆练习一小时；第三组在一个月中每天在自己的想象中练习一个小时投篮。结果，第一组由于一个月没有练习，投篮平均水平由39%降到37%，第二组由于在体育馆坚持练习，平均水平由39%上升到41%，第三组在想象中练习的队员，平均水平却由39%提高到42.5%。这真是很奇怪！在想象中练习投篮怎么能比在体育馆中练习投篮提高得快呢？很简单，因为在你的想象中，你投出的球都是中的！成功者就是这样，在办公室、运动场不断地锻炼着自己，他们创造或模拟他们想要获得的经历，他们模拟成功，仿佛他们是第一个。成功者就是这样"表里如一"的人们。

调查资料表明，世界上许多卓越的成功者，几乎每个人都是心理模拟方面的大师。他们懂得让自我修养处于不断的提高中。他们虽然有时没有工作，但他们在不停顿的练习中使自己应对艰苦工作的能力变得更强了。他们知道想象是最好的工具，想象是成功者的摇篮。



## 荣耀只能依靠奋斗争取

在美国耶鲁大学300周年校庆之际，全球第二大软件公司"甲骨文"的行政总裁、世界第四富豪艾里森应邀参加典礼。艾里森当着耶鲁大学校长、教师、校友和毕业生的面，说出了一番惊世骇俗的言论。他说："所有哈佛大学、耶鲁大学等名校的师生都自以为是成功者，其实你们全都是失败者，因为你们以在有过比尔·盖茨等优秀学生的大学念书为荣，但比尔·盖茨却并不以在哈佛读过书为荣。"

这番话令全场听众目瞪口呆。至今为止，像哈佛、耶鲁这样的名校从来都是令所有人敬畏和神往的，艾里森也太狂了点儿吧，居然敢把那些骄傲的名校师生称为"失败者"。这还不算，艾里森接着说："众多最优秀的人才非但不以哈佛、耶鲁为荣，而且常常坚决地舍弃那种荣耀。世界第一富比尔·盖茨，中途从哈佛退学；世界第二富保尔·艾伦，根本就没上过大学；世界第四富，就是我艾里森，被耶鲁大学开除；世界第八富戴尔，只读过一年大学；微软总裁斯蒂夫·鲍尔默在财富榜上大概排在十名开外，他与比尔·盖茨是同学，为什么成就差一些呢？因为他是在读了一年研究生后才恋恋不舍地退学的……”

艾里森接着“安慰”那些自尊心受到一点伤害的耶鲁毕业生，他说：“不过在座的各位也不要太难过，你们还是很有希望的，你们的希望就是，经过这么多年的努力学习，终于赢得了为我们这些人（退学者、未读大学者、被开除者）打工的机会。”

艾里森的话当然偏激，但并非全无道理。几乎所有的人，包括我们自己，经常会有一种强烈的“身份荣耀感”。我们以出生于一个良好家庭为荣，以进入一所名牌大学读书为荣，以有机会在国际大公司工作为荣。不能说这种荣耀感是不正当的，但如果过分迷恋这种仅仅是因为身份带给你的荣耀，那么人生的境界就不可能太高，事业的格局就不可能太大，当我们陶醉于自己所谓的“成功”时，我们已经被真正的成功者看成了失败者。



## 果断地决定利于成功

当朱利斯·恺撒来到意大利的边境卢比孔河时，看似神圣而不可侵犯的卢比孔河使他的信心有所动摇。他想到如果没有参议院的批准，不允许任何一名将军侵略一个国家。但是他的选择只有两种——“要么毁灭我自己，要么毁灭我的国家”，最后他的坚定信念没有动摇。他说：“不要惧怕死亡。”于是他带头跳入了卢比孔河。就是因为这一决定性的时刻，世界历史随之而改变。

和拿破仑一样，恺撒能在极短的时间里做出重要的抉择，哪怕牺牲一切与之有冲突的计划。恺撒带着他的大军来到大不列颠，那里的人们誓死不投降。恺撒敏捷的思维使他明白，他必须使士兵们懂得胜利和死亡的利害关系。为了消除一切撤退的可能，他命令将大不列颠海岸所用的船只全部烧掉，这样也就没有了逃跑的可能性。如果不能取得胜利就意味着死亡。这一举动是这场伟大战争最终取得胜利的关键所在。

获得成功的最有力的办法，是迅速做出该怎么做一件事的决定。排除一切干扰因素，而且一旦做出决定，就不要再犹豫不决，以免我们的决定受到影响。有的时候犹豫就意味着失去。实际上，一个人如果总是优柔寡断，犹豫不决，或者总在毫无意义地思考自己的选择，一旦有了新的情况就轻易改变自己的决定，这样的人成就不了任何事！消极的人没有必胜的信念，也不会有人信任他们。自信积极的人就不一样，他们是世界的主宰。

当有人问亚历山大大帝靠什么征服整个世界的时候，他回答说："是坚定不移。"

在一个深夜，斯蒂文·惠特尼号轮船在爱尔兰撞上了悬崖，船在悬崖边停留了一会儿。有些乘客迅速地跳到了岩石上，于是他们获救了。而那些迟疑害怕的乘客被打回来的海浪卷走，永远地被海浪吞没了。优柔寡断的人常因犹豫不决、缺乏果断而失去成功的可能性。生活中好的机会往往很不容易到来，而且经常会很快地消失。约翰·夫斯特说："优柔寡断的人从来不是属于他们自己的，他们属于任何可以控制他们的事物。一件又一件的事总在他犹豫不决时打断了他，就好像小树枝在河边飘浮，被波浪一次次推动，卷入一些小漩涡。"



## 不要只停于空想

西方精神分析学大师弗洛伊德将空想命名为"白日梦"。他认为，白日梦就是人在现实生活中由于某种欲望得不到满足，于是通过一系列的幻想在心理上实现该欲望，从而为自己在虚无中寻求到某种心理上的平衡。

弗氏理论还提出了一个关键性的词：逃避。也就是说，过分沉湎于空想的人必定是一个逃避倾向很浓的人。此言一语中的。这正是空想带给人的极大危害性。下面的故事生动地说明空想的危害。

一年夏天，一位来自马萨诸塞州的乡下小伙子登门拜访年事已高的爱默生。小伙子自称是一个诗歌爱好者，从 7 岁起就开始进行诗歌创作，但由于地处偏僻，一直得不到名师的指点，因仰慕爱默生的大名，故千里迢迢前来寻求文学上的指导。

这位青年诗人虽然出身贫寒，但谈吐优雅，气度不凡。老少两位诗人谈得非常融洽，爱默生对他非常欣赏。

临走时,青年诗人留下了薄薄的几页诗稿。

爱默生读了这几页诗稿后，认定这位乡下小伙子在文学上将会前途无量,决定凭借自己在文学界的影响大力提携他。

爱默生将那些诗稿推荐给文学刊物发表,但反响不大。他希望这位青年诗人继续将自己的作品寄给他。于是,老少两位诗人开始了频繁的书信来往。

青年诗人的信一写就长达几页,大谈特谈文学问题,激情洋溢,才思敏捷,表明他的确是个天才诗人。爱默生对他的才华大为赞赏,在与友人的交谈中经常提起他。青年诗人很快就在文坛有了一点小小的名气。

但是，这位青年诗人以后再也没有给爱默生寄诗稿来，信却越写越长,奇思异想层出不穷,言语中开始以著名诗人自居,语气越来越傲慢。

爱默生开始感到了不安。凭着对人性的深刻洞察,他发现这位年轻人身上出现了一种危险的倾向。

通信一直在继续。爱默生的态度逐渐变得冷淡,成了一个倾听者。

很快,秋天到了。



爱默生去信邀请这位青年诗人前来参加一个文学聚会,他如期而至。

在这位老作家的书房里,两人有一番对话:

“后来为什么不给我寄稿子了?”

“我在写一部长篇史诗。”

“你的抒情诗写得很出色,为什么要中断呢?”

“要成为一个大诗人就必须写长篇史诗,小打小闹是毫无意义的。”

“你认为你以前的那些作品都是小打小闹吗?”

“是的,我是个大诗人,我必须写大作品。”

“也许你是对的。你是个很有才华的人,我希望能尽早读到你的大作品。”

“谢谢,我已经完成了一部,很快就会公之于世。”

文学聚会上,这位被爱默生所欣赏的青年诗人大出风头。他逢人便谈他的伟大作品,表现得才华横溢,锋芒咄咄逼人。虽然谁也没有拜读过他的大作品,即便是他那几首由爱默生推荐发表的小诗也很少有人拜读过。但几乎每个人都认为这位年轻人必将成大器。否则,大作家爱默生能如此欣赏他吗?

转眼间，冬天到了。

青年诗人继续给爱默生写信，但从不提起他的大作品。信越写越短，语气也越来越沮丧，直到有一天，他终于在信中承认，长时间以来他什么都没写。以前所谓的大作品根本就是子虚乌有之事，完全是他的空想。

他在信中写道："很久以来我就渴望成为一个大作家，周围所有的人都认为我是个有才华有前途的人，我自己也这么认为。我曾经写过一些诗，并有幸获得了阁下您的赞赏，我深感荣幸。

使我深感苦恼的是，自此以后，我再也写不出任何东西了。不知为什么，每当面对稿纸时，我的脑中便一片空白。我认为自己是个大诗人，必须写出大作品。在想象中，我感觉自己和历史上的大诗人是并驾齐驱的，包括和尊贵的阁下您。在现实中，我对自己深感鄙弃，因为我浪费了自己的才华，再也写不出作品了。而在想象中，我是个大诗人，我已经写出了传世之作，已经登上了诗歌的王位。

尊贵的阁下，请您原谅我这个狂妄无知的乡下小子……"

从此以后，爱默生再也没有收到这位青年诗人的来信。



## 只有行动才有收获

罗杰走下码头，看见一些人在钓鱼。出于好奇，他走近去看当地有什么鱼，好家伙，看到的是满满一桶鱼。

那只桶是一位老头儿的，他毫无表情地从水中拉起线，摘下鱼，丢到桶里，又把线抛回水里。他的动作更像一个工厂里的工人，而不像是一个垂钓者在揣摩钓钩周围是否有鱼。他知道鱼会来的，无疑。

罗杰发现，不远的地方还有七个人在钓鱼，老头儿每从水中拉上一条鱼，他们就大声抱怨一阵，抱怨自己仍然举着一根空杆。

这样持续了半小时：老头儿猛地拉线、收线，七个人嘟嘟囔囔地看他摘鱼，又把线抛出去。这段时间其他人没有一个钓上来过鱼，尽管他们只处在距老头儿十几米远的地方。真太有意思了！

这是怎么回事儿？罗杰走近一步想看个究竟。原来那些人都在甩锚钩儿（甩锚钩儿是指人们用一套带坠儿的钩儿沉到水里猛地拉起，希望凑巧挂住一群游过去的小鱼当中的某一条）。这七个人都拼命地在栈桥下面挥舞着胳臂，试图钓起一群群游过的小鱼中的某条鱼。而那位老头儿只是把钩沉下去，等一会儿，感到线往下一拖，然后猛拉线，当然他能钓上来鱼了。

老头儿收获了鱼，而他百发百中的秘密在于：只在钩子上方用一点诱饵而已！他一把线放下去，鱼就会开始咬饵食，他会感觉线动，然后再把鱼钩从厚厚的一群鱼当中一拉，有啦！

完全使罗杰吃惊的不是那位老头儿简单的智慧，而是这样一种事实：那一群嘟嘟囔囔的人看得很清楚老头在干什么，也知道老头是怎样使用最简单的方法获得超级效果的，但他们却不愿学习，因此，他们没有收获！

## 容易掌握的炼金术

泰国有个叫奈哈松的人，一心想成为大富翁，他觉得成功的捷径便是学会炼金术。他把全部的时间、金钱和精力都用在了炼金术的实践中。不久，他花光了自己的全部积蓄，家中变得一贫如洗，连饭也吃不上了。妻子无奈，跑到父母那里诉苦，她父母决定帮女婿改掉恶习。他们对奈哈松说："我们已经掌握了炼金术，只是现在还缺少炼金的东西。"

"快告诉我，还缺少什么东西？"

"我们需要3公斤从香蕉叶下收集起来的白色绒毛，这些绒毛必须是你自己种的香蕉树上的，等到收齐绒毛后，我们便告诉你炼金的方法。"

奈哈松回家后立即将已荒废多年的田地种上了香蕉，为了尽快凑齐绒毛，他除了种自家以前就有的田地外，还开垦了大量的荒地。

当香蕉成熟后，他小心地从每张香蕉叶下收集白绒毛，而他的妻子和儿女则抬着一串串香蕉到市场上去卖。就这样，10年过去了，他终于收集够了3公斤的绒毛。这天，他一脸兴奋地提着绒毛来到岳父母的家里，向岳父母讨要炼金之术，岳父母让他打开了院中的一间房门，他立即看到满屋的黄金，妻子和儿女都站在屋中。妻子告诉他，这些金子都是用他10年里所种的香蕉换来的。面对满屋实实在在的黄金，奈哈松恍然大悟。从此，他努力劳作，终于成了一位富翁。

## 少壮时努力，年老时收获

从前，有个流浪的艺人，虽然才四十几岁，但是骨瘦如柴，形容枯槁，医生诊断结果是肝癌末期。临终前，他把年仅 16 岁的独子找来，叮嘱道："你要好好读书，不要像我少壮不努力，老来没成就。我年轻时好勇好斗，日夜颠倒，烟酒都嗜，正值壮年就得了绝症。你要谨记在心，不要再走我的老路。我没读什么书，没什么大道理可以教你，但你要记住'少壮不努力，老来没成就'这句话。"

说完，他咽下最后一口气，16 岁的儿子却懵懵懂懂地站立一旁。

儿子长大后，常在酒家、赌场闹事，有一次与客人起冲突，因出手过重而闹出人命，被捕入狱。出狱后，人事全非，发觉不能再走老路，但是却无一技之长，无法找个正当的工作，只好下定决心，回到乡下，靠做一些杂工维生。

由于他年轻时无法体会父亲交代的遗言，耽误终身大事，年近半百才成婚。虽然年事渐长，逐渐能体会父亲临终前交代的话，但似乎为时已晚。他的体力一天不如一天，一年不如一年，面对着无法撑持起来的家，心里有着无限的忏悔与悲伤。

有个夜晚，他喝了点酒，带着酒意把 16 岁的儿子叫到跟前。他先是一愣，这不就是当年 16 岁的我吗？父亲临终前交代遗言的景象在脑海中显现，他有些自责地喃喃自语："我怎么没把那句话听进去啊。"说着，眼泪直滴脸颊。儿子站在面前，懂事地安慰着："爸爸，您喝醉了，早点休息吧！"

"我没有醉，我要把你爷爷交代我的话告诉你，你要牢牢记住。"

"爸爸，什么话这么慎重呀？"

"当年你爷爷临终时交代我'少壮不努力，老来没成就'，我没听进去，也没听懂。结果我费尽一生才体会出这一句话的道理，但为时已晚。"

"这句话不是人人都知道吗？"

"是啊。但是，并不是每个人都愿意从年轻时就努力奋发向上。人一定要年轻时就学好，不然老了就像我一样一无是处。你一定要认真对待这句话。希望你好好做人，将来儿孙都能成才，不必再把这句话当遗言交代了。"

# 每天做好一件事

有一位画家，举办过十几次个人展，参加过上百次画展。无论参观者多不多，有没有获奖，他的脸上总是挂着开心的微笑。

在一次朋友聚会上，一位记者问他："你为什么每天都这么开心呢？"

他微笑着反问记者："我为什么要不开心呢？"

尔后，他讲了他儿时经历过的一件事情：

我小的时候，兴趣非常广泛，也很要强。画画、拉手风琴、游泳、打篮球，样样都学，还必须都得第一才行。这当然是不可能的。于是，我闷闷不乐，心灰意冷，学习成绩一落千丈。有一次我的期中考试成绩竟排到全班的最后几名。

父亲知道后，并没有责骂我。晚饭之后，父亲找来一个小漏斗和一捧玉米种子，放在桌子上，告诉我说："今晚，我想给你做一个试验。"父亲让我的双手放在漏斗下面接着，然后捡起一粒种子投到漏斗里面，种子便顺着漏斗掉到了我的手里。父亲投了十几次，我的手中也就有了十几粒种子。然后，父亲一次抓起满满一把玉米粒放到漏斗里面，玉米粒相互挤着，竟一粒也没有掉下来。父亲意味深长地对我说："这个漏斗代表你，假如你每天都能做好一件事，每天你就会有一粒种子的收获和快乐。可是，当你想把所有的事情都挤到一起来做，反而连一粒种子也收获不到了。"

20 多年过去了，我一直铭记着父亲的教诲："每天做好一件事，坦然微笑地面对生活。"

# 贪心者终会一无所有

一位富翁家的狗在散步时跑丢了，于是富翁就在当地报纸上发了一则启事：有狗丢失，归还者，付酬金 1 万元。并附有小狗的一张彩照。

启事刊出后，送狗者络绎不绝，但都不是富翁家的。富翁的太太说，肯定是真正捡到狗的人嫌给的钱少，那可是一只纯正的爱尔兰名犬，于是富翁就把电话打到报社，把酬金改为 2 万元。

一位沿街流浪的乞丐在报摊看到了这则启事，他立即跑回他住的窑洞，因为前天他在公园的躺椅上打盹时捡到了一只狗，现在这只狗就在他住的那个窑洞里拴着。果然是富翁家的狗。乞丐第二天一大早就抱着狗出了门，准备去领2万元酬金。当他经过一个小报摊的时候无意中又看到了那则启事，不过赏金已变成3万元。

乞丐又折回他的窑洞，把狗重新拴在那儿，第四天，悬赏额果然又涨了。

在接下来的几天时间里，乞丐天天浏览当地报纸的广告栏，当酬金涨到使全城的市民都感到惊讶时，乞丐返回他的窑洞。可是那只狗已经死了，因为这只狗在富翁家吃的都是鲜牛奶和烧牛肉，对这位乞丐从垃圾筒里捡来的东西根本受不了。

这则故事告诉我们，不能做贪心者，否则会一无所有。

## 认真分析拒绝的原因

一位刚毕业的女大学生到一家公司应聘财务会计工作，面试时即遭到拒绝，因为她太年轻，公司需要的是有丰富工作经验的资深会计人员。女大学生没有气馁，一再坚持。她对主考官说："请再给我一次机会，让我参加完笔试。"主考官拗不过她，答应了她的请求。结果，她通过了笔试，由人事经理亲自复试。 

人事经理对这位女大学生颇有好感，因她的笔试成绩最好。不过，女孩的话让经理有些失望，她说自己没工作过，唯一的经验是在学校干过学生会财务工作。他们不愿找一个没有工作经验的人做财务会计。人事经理只好敷衍道："今天就到这里，如有消息我会打电话通知你。"

女孩从座位上站起来，向人事经理点点头，从口袋里掏出一美元双手递给人事经理："不管是否录取，请都给我打个电话。"

人事经理从未见过这种情况，竟一下子呆住了。不过他很快回过神来，问："你怎么知道我不给没有录用的人打电话？"

"您刚才说有消息就打，那言下之意就是没录取就不打了。"

人事经理对这个年轻女孩产生了浓厚的兴趣，问道："如果你没被录用，我打电话过去，你想知道些什么呢？"

"请告诉我，我在什么地方不能达到你们的要求，我在哪方面不够好，我好改进。"

"那一美元……"

没等人事经理说完，女孩微笑着解释道："给没有被录用的人打电话不属于公司的正常开支，所以由我付电话费，请你一定打。"

人事经理马上微笑着说："请你把一美元收回。我不会打电话了，我现在就正式通知你，你被录用了。"

就这样，女孩用一美元敲开了机遇的大门。

细想起来，其实道理很清楚：一开始便被拒绝，女孩仍要求参加笔试，说明她有坚毅的品格，财务是十分繁杂的工作，没有足够的耐心和毅力是不可能做好的。她能坦言自己没有工作经验，显示了一种诚信，这对搞财务工作尤为重要。即使不被录取，也希望能得到别人的评价，说明她有直面不足的勇气和敢于承担责任的上进心。员工不可能把每项工作都做得十分完美，我们可以接受失误，却不能接受员工自满不前。女孩自掏电话费，说明了思维的灵活性，她巧妙地展示了自己公私分明的良好品德，这更是做好财务工作不可或缺的。



## 要有勇往直前的勇气

当人们在冷天游泳时，一般有三种适应冷水的方法。一种人先蹲在池边，将水撩到身上，使自己适应之后，再进入池子游；另一种人则可能先站在浅水处，再试着步步向深水走，或逐渐蹲身进入水中；第三种人则是做完热身运动，便由池边一跃而下。

据说最安全的方法是置身池外，先行试探；其次则是置身池内，渐次深入；至于第三种方法，则可能造成抽筋甚至引发心脏病。

但是相反的，最感觉冷水刺激的也是第一种，因为置身较暖的池边，每撩一次水，就造成一次沁骨的寒冷，倒是一跃入池的人，由于马上要应付眼前游水的问题，反倒能忘记了周身的寒冷。

与游泳一样，当人们要进入陌生而困苦的环境时，有些人先小心地探测，以做万全的准备，但许多人就因为知道困难重重而再三延迟行程，甚至取消原来的计划；又有些人，先一脚踏入那个环境，但仍留许多后路，看着情况不妙，就抽身而返；当然更有些人，心存破釜沉舟之想，打定主意便全身投入，由于急着应付眼前重重的险阻，反倒能忘记许多痛苦。

在生活中，我们该怎么做呢？如果是年轻力壮的人，不妨做“一跃而下”的人。虽然可能有些危险，但是你会发现，当别人还犹豫在池边，或半身站在池里喊冷时，那些敢于一跃入池的人，早已自由自在地来来往往，而把周遭的寒冷忘得一干二净了。

## 选对自己前进的方向

多年以前，一个年轻的退伍军人来找拿破仑?希尔，他想要找一份工作，但是他觉得很茫然也很沮丧，只希望能养活自己，并且找到一个栖身之处就够了。

他黯然的眼神告诉希尔，哀莫大于心死。这一个年轻人本来可以大有作为，却胸无大志。而希尔非常清楚，是否能够赚取财富，都在他的一念之间。

于是希尔问他：“你想不想成为千万富翁？赚大钱轻而易举，你为什么只求卑微地过日子？”



“不要开玩笑了，”他回答，“我肚子饿，需要一份工作。”

“我不是在开玩笑，”希尔说，“我非常认真。你只要运用现有的资产，就能够赚到几百万元。”

“资产？什么意思？”他问，“我除了穿在身上的衣服之外，什么都没有。”

从谈话之中，希尔逐渐了解到，这个年轻人在从军之前，曾经担任富勒?布拉许的业务员，在军中他也学得一手好厨艺。换句话说，除了健康的身体、积极的进取心，他所拥有的资产还包括烹调的手艺及销售的技能。

当然，推销或烹饪并无法使一个人晋身百万富翁，但是只要这个退役军人找到自己的方向，许多机会就呈现在他眼前。

希尔和他谈了两个小时，看到他由陷入深渊的绝望者变成积极的思考者。一个灵感鼓舞了他：“你为什么不运用销售的技巧，说服家庭主妇邀请邻居来家里吃便饭，然后把烹调的器具卖给她们？”

希尔借给他足够的钱，买了一些像样的衣服及第一套烹调器具，然后放手让他去做。第一个星期，他卖出铝制的烹调器具，赚了 100 美金。第二个星期他的收入加倍。然后他开始训练业务员，帮他销售同样式的成套烹调器具。4年之后，他每年的收入超过100万元，并且自行设厂生产。

## 叩响成功之门

一天，在西格诺·法列罗的府邸正要举行一个盛大的宴会，主人邀请了一大批客人。就在宴会开始的前夕，负责餐桌布置的点心制作人员派人来说，他设计用来摆放在桌子上的那件大型甜点饰品不小心被弄坏了，管家急得团团转。

这时，在西格诺府邸厨房里干粗活的一个仆人走到管家面前怯生生地说道："如果您能让我来试一试的话，我想我能造另外一件来顶替。"

"你？"管家惊讶地喊道，"你是什么人，竟敢说这样的大话？"

"我叫安东尼奥·卡诺瓦，是雕塑家皮萨诺的孙子。"这个脸色苍白的孩子回答道。



"小家伙，你真的能做吗？"管家将信将疑地问道。

"如果您允许我试一试的话，我可以造一件东西摆放在餐桌中央。"小孩子开始显得镇定一些。

仆人们这时都显得手足无措了。于是，管家就答应让安东尼奥去试试，他则在一旁紧紧地盯着这个孩子，注视着他的一举一动，看他到底怎么办。这个厨房的小帮工不慌不忙地要人端来了一些黄油。不一会儿工夫，不起眼的黄油在他的手中变成了一只蹲着的巨狮。管家喜出望外，惊讶地张大了嘴巴，连忙派人把这个黄油塑成的狮子摆到了桌子上。

晚宴开始了。客人们陆陆续续地被引到餐厅里来。这些客人当中，有威尼斯最著名的实业家，有高贵的王子，有傲慢的王公贵族们，还有眼光挑剔的专业艺术评论家。但当客人们一眼望见餐桌上卧着的黄油狮子时，都不禁交口称赞起来，纷纷认为这是一件天才的作品。他们在狮子面前不忍离去，甚至忘了自己来此的真正目的。结果，这个宴会变成了对黄油狮子的鉴赏会。

客人们在狮子面前情不自禁地细细欣赏着，不断地问西格诺·法列罗，究竟是哪一位伟大的雕塑家竟然肯将自己天才的技艺浪费在这样一种很快就会熔化的东西上。法列罗也愣住了，他立即喊管家过来问话，于是管家就把小安东尼奥带到了客人们的面前。

当这些尊贵的客人们得知，面前这个精美绝伦的黄油狮子竟然是这个小孩仓促间做成的作品时，都不禁大为惊讶，整个宴会立刻变成了对这个小孩的赞美会。富有的主人当即宣布，将由他出资给小孩请最好的老师，让他的天赋充分地发挥出来。

西格诺·法列罗果然没有食言，但安东尼奥没有被眼前的宠幸冲昏头脑，他依旧是一个淳朴、热切而又诚实的孩子。他孜孜不倦地刻苦努力着，希望把自己培养成为皮萨诺门下一名优秀的雕刻家。

也许很多人并不知道安东尼奥是如何充分利用第一次机会展示自己才华的。然而，却没有人不知道后来著名雕塑家卡诺瓦的大名，也没有人不知道他是世界上最伟大的雕塑家之一。

## 在闲暇中发现机会

美国副总统亨利·威尔逊出生在一个贫苦的家庭，当他还在摇篮里牙牙学语的时候，贫穷就已经向他露出了狰狞的面孔。威尔逊 10 岁的时候就离开了家，在外面当了 11 年的学徒工，每年只能接受一个月的学校教育。



在经过 11 年的艰辛工作之后，他终于得到了一头牛和六只绵羊作为报酬。他把它们换成了 84 美元。他知道钱来得艰难，所以绝不浪费。他从来没有在娱乐上花过一美元，每个美分都是经过精心算计花费的。

在他 21 岁之前，他已经设法读了一百本好书——这对一个农场里的孩子来说，是多么艰巨的任务啊！在离开农场之后，他徒步到 100 英里之外的马萨诸塞州的内蒂克去学习皮匠手艺。他风尘仆仆地经过了波士顿，在那里他可以看到邦克希尔纪念碑和其他历史名胜。整个旅行他只花费了一美元六美分。

在他度过了 21 岁生日后的第一个月，就带着一队人马进入了人迹罕至的大森林，在那里采伐圆木。威尔逊每天都是在天际的第一抹曙光出现之前起床，然后就一直辛勤地工作到星星出来为止。在一个月夜以继日的辛劳努力之后，他获得了 6 美元的报酬。在这样的穷途困境中，威尔逊的下决心，不让任何一个发展自我、提升自我的机会溜走。很少有人能像他一样深刻地理解闲暇时光的价值。他像抓住黄金一样紧紧地抓住了零星的时间，不让一分一秒无所作为地从指缝间白白流走。12 年之后，他在政界脱颖而出，进入了国会，开始了他的政治生涯。

威尔逊就是这样在闲暇中发现机会，走向成功的。

## 成功源自十足的进取心

有一天，尼尔去拜访多年以前的老师。老师见了尼尔很高兴，就询问他的近况。

这一问，引发了尼尔一肚子的委屈。尼尔说："我对现在做的工作一点都不喜欢，与我的专业也不相符，整天无所事事，工资也很低，只能维持基本的生活。"

老师吃惊地问："你的工资如此低，怎么还无所事事呢？"

"我没有什么事情可做，又找不到更好的发展机会。"尼尔无可奈何地说。



"其实并没有人束缚你，你不过是被自己的思想抑制住了。明明知道自己不适合现在的位置，为什么不去再多学习其他的知识，找机会自己跳出去呢？"老师劝告尼尔。

尼尔沉默了一会说："我运气不好，什么样的好运都不会降临到我头上的。"

"你天天在梦想好运，而你却不知道机遇都被那些勤奋和跑在最前面的人抢走了，你永远躲在阴影里走不出来，哪里还会有什么好运。"老师郑重其事地说，"一个没有进取心的人，永远不会得到成功的机会。"

如果一个人把时间都用在了闲聊和发牢骚上，就根本不会想用行动改变现实的境况。对于他们来说，不是没有机会，而是缺少进取心。当别人都在为事业和前途奔波时，自己只是茫然地虚度光阴，根本没有想到去跳出误区，结果只会在失落中徘徊。

如果一个人安于贫困，视贫困为正常状态，不想努力挣脱贫困，那么在身体中潜伏着的力量就会失去它的效能，他的一生便永远不能脱离贫困的境地。

# 一天不只 24 小时

“一天 24 小时，谁都是被平等地赋予”这个命题已成为时间管理理论中的公理。但事实不然，管理者认识的大政治家、画家或音乐巨匠、文豪、学者，像罗马的恺撒大帝、日本的空海和尚、意大利的达?芬奇、德国的莱布尼兹与歌德以及现代分秒必争的铁腕经营者，他们在一天 24 小时当中，经手完成的工作，无论在质还是在量方面，都是超乎一般人想象的。但同样拥有一天 24 小时的其他人，却不留下任何痕迹。可见，就是一天 24 小时，也并不是每个人都被平等地赋予。同样一天 24 小时当中，两个不同个体所做的事情完全不同的例子，在现实中不胜枚举。所以，我们就要寻求以“钟表”计时的一天 24 小时之外，是否还有另创的一段时间。

例如，莫扎特只活了 35 岁，但他在短短的一生中创作了 600 首以上旷世之作。而其他活了七八十年的平庸音乐家却比比皆是。以实际使用的时间来看，莫扎特的一天 24 小时，他的每一分、每一秒比起其他平庸音乐家的，可以说是更长。这个时候他们所拥有的时间是不平等的。



再以歌德和达芬奇的成就比较。歌德以诗、戏剧、小说等文学形式创作了很多伟大的作品。他在 27 岁被任命为魏玛参议员以后，在政界里也相当活跃，做出了很多业绩。1815 年被任命为国务大臣。在此之外，他也绘画，还从事解剖学、地质学、矿物学、植物学、光学等自然科学的研究，在各方面都有卓越的贡献。他在小说方面有《少年维特之烦恼》、《威鲁希勒姆:管理者的明星生涯》；戏曲方面有《浮士德》、《塔利斯的伊菲可利亚》、《大可夫塔》；此外还有自传、论文作品如《诗与真实》、《色彩论》等。达?芬奇留下的作品数量虽然不多，但是其艺术成就却众所皆知。此外，他不只是一位艺术家，而且对天文学、物理学、地理学、建筑学、兵器制作、机械学、植物学也有相当研究，把文艺复兴的理想几乎完全实现。他的绘画名作，如《蒙娜丽莎的微笑》、《圣安娜与圣母子》、《最后的晚餐》(壁画)，都是经典之作；著述方面有《绘画论》；空气力学的研究成果对后来降落伞、直升机的发明有很大的启发性。因此，显而易见的是：伟大的人或留下大业绩的人，都是世上成功创造时间的人。

# 把自己重新放到人生起点

德国的里克特曾给我们讲过这样一个故事：

新年的夜晚，一位老人伫立在窗前。他悲戚地举目遥望苍天，繁星宛若玉色的百合漂浮在澄静的湖面上。老人又低头看看地面，几个比他自己更加无望的生命正走向它们的归宿——坟墓。老人在通往那个地方的路上也已经消磨掉60个寒暑了。在那旅途中，他除了有过失望和懊悔之外，再也没有得到任何别的东西。他老态龙钟，头脑空虚，心绪忧郁，岁月的流逝折磨着老人。

年轻时代的情景浮现在老人眼前，他回想起那庄严的时刻，父亲将他置于两条道路的岔路口—— 一条路通往阳光灿烂的升平世界，田野里丰收在望，柔和悦耳的歌声四方回荡；另一条路却将行人引入漆黑的无底深渊，从那里涌流出来的是毒液而不是泉水，蛇蟒到处蠕动，吐着舌箭。



老人仰望夜空，苦恼地失声喊道："青春啊，回来！父亲哟，把我重新放回人生的入口吧，我会选择一条正路的！"可是，父亲以及他自己的黄金时代都一去不复返了。

他看见阴暗的沼泽地上闪烁着幽光，那光亮游移明灭，瞬息即逝了。那是他轻抛浪掷的年华。他看见天空中一颗流星陨落下来，消失在黑暗之中。那是他自身的象征。徒然的懊丧像一支利箭射穿了老人的心脏。他记起了早年和自己一同踏入生活的伙伴们，他们走的是高尚、勤奋的道路，在这新年的夜晚，他们载誉而归，无比快乐。

高耸的教堂钟楼鸣响了，钟声使他回忆起儿时双亲对他这浪子的疼爱。他想起了困惑时父母的教诲，想起了父母为他的幸福所作的祈祷。强烈的羞愧和悲伤使他不敢再多看一眼父亲居留的天堂。老人的眼睛黯然失神，泪珠儿泫然坠下，他绝望地大声呼唤："回来，我的青春！回来呀！"

老人的青春真的回来了。原来，刚才那些只不过是他在新年夜晚打盹儿时做的一个梦。尽管他确实犯过一些错误，眼下却还年轻。他虔诚地感恩于上天，时光仍然是属于他自己的，他还没有堕入漆黑的深渊，尽可以自由地踏上那条正路，进入福地洞天，丰硕的庄稼在那里的阳光下起伏翻浪。

# 时间比金钱更有价值

我们生活在有限的时间里，黑夜与白昼有规律地交替，哪一方也不会更多地占去另一方的时间。生命则被分为有限的几个阶段：少年、青年、中年和老年。每一个阶段都有只适于这个年龄段的特殊工作，就如同种庄稼，一旦错过了季节，一切劳作都将是白费。

既然时间是有限的，既然它是不可伸长也不能缩短的，时间的价值就体现在如何利用上，那么我们就应该珍惜它、很好地利用它。

有效地利用时间、珍惜时间只有一个方法，那就是在你的生活中确立一个目标，一个符合道德标准的目标，并且尽心尽力地去实现这一目标。

一个人没有奋斗目标就是在浪费时间。毫无目的、漫不经心地看手中的书是多么浪费时间！毫无目的地从一个店铺逛到另一个店铺，从一条街转到另一条街是多么的徒劳无益！确定目标能节省大量时间，能使人在生活中走上正道。每当他遇到一些事情，他都知道怎样从中选择有益于他目标实现的事情来做，避免做与他的目标不相符的事。人们发现，工作最多的人往往时间最富裕。这是因为他们有明确的目标，他们为了实现这个目标而正确地安排了他们的工作，而不是在犹豫不决中浪费他们的时间，更不会成为"客观条件"的玩物，任其摆布。他们总是自己创造条件，并按照自己的生活目标行事。

一个虽然在生活中确立了目标，但却不忠实于这一目标、不努力去实现它、不去做与目标相符的事的人，其实也是在浪费时间。

没有目标和不忠实于目标都是窃取时间的小偷、浪费时间的罪犯。

珍惜时间并不意味着不停地工作，或干脆放弃休息，而是指很好地利用休息和空余的时间，以使我们能更好地工作。如果我们把空余时间花费在无所事事上，那么它既不会有利于我们，也不会给我们的工作带来益处。

如果我们把空余时间花在有意义的事情上，那它就会给我们的工作带来益处，就会使我们获得力量，实现我们的目标。

# 第七章

## 智慧生存，睿智人生

凡事只要三思而后行就不会有太大差错，事情就能做得圆满。

做事不要犹豫，是要你思考清楚之后再做，而不是鲁莽行事。做事要有“心计”，就是重在思考，不浮不躁想清楚了再做。这样才能智慧生存，这样的人生才是睿智的人生。

# 三思而后行

古人言:“三思而后行。”这要求我们做事前要深思熟虑,想好了再去做。

如果你是位善于思考的领导,做决策前就会深思熟虑,集思广益,多听别人的意见或建议作为参考。

作为有“心计”的领导,都知道每个人或多或少都有一些创意。而你所要扮演的角色,是营造一种激励创新的工作氛围,让你的小组成员在这种气氛里能勇于提出新构想。

1. 了解你的职权界限以便做决策工作。假如你不太确定的话,要去问你的上级经理,请他就你的权限范围做一番确认。

例如你在公事上的各项支出报账，其金额在多少钱以内可以不需要单据?你有权给客户折扣,或是同意退费吗?假如有,最高的限度是什么?你可以聘用人员或辞退员工吗?类似这些问题,你都需要有一个明确的指示。



2. 不要要求你的经理帮你做决策。假如你碰到了困难,把各种可能的做法列一张表,选择其中的一项,然后与你的部属商量,将这种方法向你的部属做说明,训练他们也能自己做决策。

3. 不要把你所列的那些不同做法都看成是互相抵触的,事实上它们很少会有那么截然不同的分别。最好的做法也许是采用折中的方式。例如,假使你手下两个最得力的业务人员都想要担任公司的代表,这时你何不干脆把他们两个人都派出去,给你的顾客来一个最深刻的印象呢?

4. 在做决定前,要尽可能地收集有关资料。决策的制定是根据事实而不是根据你个人一时的情绪好恶决定的。

5. 往后退一步,对问题做一番审慎的思考。唯有正确的决策才能解决问题。不同的人有不同的才能,有些人擅长数字,有些人擅长文字,有些人则对史哲有天分。在做决策以前,要把你小组人员的才能派上用场。

6. 公司的政策不是绝对的。如果你认为公司的某一些规定有错误，要在私下会谈时向你的上级经理提出质疑,让他知道不能因为“这是公司的政策”或是说“这些事情公司一直都以这种方式处理的”,就让一个不好的制度一直持续下去。一个经营成功的公司不会把已经确立的各种制度都当作是绝对的。创新的构想之所以会产生,往往是因为人们从不同的角度去思考问题的结果。

7. 如果你对上级所做的某项决定不满意,你要冷静地与你的经理讨论这个问题。讨论之后若仍然不满意,那么有三种选择:一是接受这项决定并给予全力的支持;二是将这个问题通过投诉程序向更高阶层反映;三是辞职。不要嘀嘀咕咕地接受这个决定,然后又在你的小组人员面前大加批评。你不是拿了薪水到公司来制造纠纷的,把你的工作同仁弄得无所适从,而且就算与你和每一个员工都不支持的决策撇清关系,也不能因此便赢得伙伴们的忠诚。

8. 干着急并不能解决事情。把事情从头到尾想一想,如果需要找别人帮忙,不要觉得很勉强。

9. 当你的工作人员中有人向你要求一些比较特别的待遇时,你要在同意之前仔细地想清楚。如果你同意让你的秘书延长他的假期,而却又拒绝其他人相同的要求,那你会表现得前后不一致,你的员工也会觉得很不满。



10. 你若决定因某些特殊的情况而放员工一天假,那你要把特殊情况的内容向员工说清楚,否则员工可能会将之误认为是一种惯例。假定你有两个星期因为业务较清淡的关系,特准员工提早下班回家,那么这并不表示员工第三个星期也可以提早回家。

作为领导要有这样的“心计”,同样,作为一个普通人也要有这样的“心计”,即凡事三思而后行,想好了你再做。

## 相信团队的力量

如果你是一位善于思考的领导者,你肯定知道“三个臭皮匠,胜过一个诸葛亮”的道理,所以你一定要善于集思广益,集大家的智慧去干一番事业。

部属给予上级诚恳的谏言,比上战场冲锋陷阵还有价值。日本战国时期的秀政是一位文武双全的人,曾经辅佐织田信长和丰臣秀吉两个霸主。当时的人都称赞他是国家的栋梁。有一天,在其领地的城墙附近,有人竖立了一面木牌,上面列举着三十多条秀政的政治过失。家臣们商量之后,决定把那面木牌拿给秀政看,并且非常愤怒地说:“竖立这块木牌的人实在太可恶了,应该逮捕并严厉处罚。”

秀政把木牌上所写的“罪证”仔细地读过之后,马上穿好衣服,洗手漱口,并用很恭敬的态度把木牌举起来说:“有人肯这样严格地指正我,实在太难得了,我应该把它看成上天的赐予,并当做传家之宝好好收藏。”于是,他把木牌用一只精美的袋子包起来,然后再装进箱子里,并召集家臣幕僚将木牌上所列举的过失详细检讨,从此秀政的政绩更加辉煌了。

常言说得好:“良药苦口利于病,忠言逆耳利于行。”由此可见,一位领导者在推动一项新的计划时,一定要征求部属的意见,留意各方面的批评,因为那些批评很可能就是影响这项计划成败的关键,就是治病的“良药”。因此不要只注重赞美的言词,因为那对“使事情做到更完美”的目标是毫无帮助的。

一般说来,人都喜欢听赞美的言词,对于批评是不容易接受的,所以部属为了讨好上司,往往只讲好话,因此领导者就很难听到部属真正的意见了。一个经营者若不明了自己在什么地方有过错、什么地方需要改进时,就应该多多鼓励部属提出批评及意见,并虚心接受,这才是一位做事有“心计”的领导者所应具备的素质。



## 三人行,必有我师

无论是在家还是在单位,我们不会办事时,常被训道:“你没吃过猪肉,还没见过猪跑吗?别人是怎样办事的,你就没看到?你就学不会?”这样的话虽然有点难听,但却清楚地点明了一个简明而实用的常理:通过观察,可以学到很多办事的能力。

当然,一个人办事是否周全、细致,固然与他的天生素质有关系,但这不是绝对的,有很多东西都是经过后天的学习、培养而锻炼出来的。

常言说,处处留心皆学问。生活中,工作间,我们身边能说会道、会办事的人很多,他们的言行举止都是我们所应注意观察和学习的。看他们怎样与领导说话,看他们怎样求同事帮忙,看领导怎样给下属安排工作,怎样批评下属等等。然后,动动脑筋分析一下他们为什么这样做,观察一下这样做所达到的效果怎样，那么，成功方面的，我们应尽量去借鉴吸收；失败方面的，我们尽量去避免。

著名美籍华裔舞蹈家孟某对上海某大酒店的一位门厅服务员，就曾做过细心的观察。他第一次到该酒店，这位服务员向他微笑致意："您好！欢迎您光临我们酒店。"第二次来店，这位服务员认出他来，边行礼边说："孟先生，欢迎你再次到来，我们经理有安排，请上楼。"随即陪同孟先生上了楼。时隔数日，当孟先生第三次踏入酒店大门时，那位服务员脱口而出："欢迎您又一次光临。"孟先生十分高兴地称赞这位服务员："不呆板，不机械，很有水平！"

这位服务员应当受到如此表扬。他并非学舌鹦鹉，见客只会一声"欢迎光临"，而能根据实际情境的变化运用不同的客套话，表现出他对工作的热爱和说话的艺术。

显然，这位服务员的服务水平是值得他的同行们去观察、学习的。也只有向这样能够随机应变的人学习，才能使自己的说话能力、办事能力得到提高。



香港著名富豪李嘉诚就非常注意培养他的儿子观察学习别人的说话艺术及办事能力。每当参加重要的会议、会见重要的客人、处理公司的一些问题时，他总是让他的儿子在一旁观察、倾听、领会。也正因为他对儿子的悉心培养，才使得他的两个儿子在今天能从容地支撑并发展起他的经济王国。

平日里，我们观察学习他人的机会很多，亲自锻炼的机会也很多。在家里，来了客人，怎样应酬才能让客人满意；在单位里，看领导怎样与客户洽谈；在酒店里宴请客人，看服务员如何招待等，只要有"心计"，处处留心，认真观察学习，就能提高我们的办事能力。

三人行，必有我师，这就需求我们做事时要虚心向别人请教，以提高和完善自己，为成功办事打下良好基础。

## 最愚蠢的行为莫过于不懂装懂

生活中，不怕一知半解，不怕一无所知，就怕不懂却要装懂。事实上，不懂装懂本身就是一种无知的表现。它同无知一样可怕。

有位小杂志社社长不管是什么场合他总喜欢装腔作势，并且故意以降低自己的音调来表现庄重的样子。不但如此，他也总是一副无所不知的样子，这种姿态让人觉得他好像在做自我宣传。

然而，不论他再怎么装腔作势，夹着再多的暗示性话语，他出版的杂志或周刊也永远上不了台面。

他所出版的刊物总是被人批评为现学现卖、肤浅的杂学之流，这是因为他对任何事都喜欢插进一脚来评论。只要他一开口说话，旁边的人就说："天啊！又要开始了。"然后便咬着牙、万分痛苦地忍着。这和说大话、吹牛并无不同。自己虽然没有高人一等的智慧，却装出一副什么都知道的样子，这样会被人看做是虚张声势的伪君子。

在朋友关系中最令人敬而远之的就是这种一点也不可爱的人。

承认自己也有不知道的事并不丢人，为了要自抬身价而不懂装懂，一旦被对方看穿，反而会令对方产生不信任感而不愿与你交往。

"闻道有先后，术业有专攻"，每个人都有自己的专长，不可能每件事都很精通。

愈是爱表现的人，愈是无法精通每件事。交朋友应该是互相取长补短，别人比自己精通的地方就应虚心求教，即使是自己很精通的事，也要以很谦虚的态度来展现实力，这样才能说服他人。



谦虚的态度还指对于自己专业内的事物，不妨表示一下自己的意见，只是说话技巧要高明。

在一个高度复杂的信息时代，每个人所吸收的知识都不可能包罗万象。若不以谦虚的态度与人交往，如何能够受到大家的欢迎？凡事都自以为是的人，必然得不到大家的尊敬。

不懂装懂就是无知，不利于交际范围的扩展。这样的人在社会中永远都是不受欢迎的一类。不懂装懂和自作聪明的处事方法会毁掉一切刚刚兴起的事业，使人们失去对你的兴趣和信任。

## 坚持原则，果断地下定决心

当我们在进行一项工作或买卖时，不要随便地就做决定。也就是说在自己尚未彻底了解清楚之前，不要盲目开始工作，这是很重要的。比如说，在要大量订购某种产品时，遇到这样的麻烦：如果现在不订下来，可能不久以后就订不到了，但是自己又对这些产品的质量还并不太清楚。这时候该怎么办呢？

像这种因为怕迟疑而订不到货物的情形，往往会使自己轻易妥协，而做仓促决定。这是人类的弱点，也是经营者常遇到的现象，同时也可能是导致事业失败的因素。

所以，不管是面临什么情况，一个有“心计”的人应该这样做：在不了解情况时，绝不轻易做决定。而且不只是自己抱着这种观念，也要让员工奉行这种工作态度。

追求完美是我们最高的理想。当然，在达到完美境界的过程中，有许多人为的因素，也有很多现实生活中不能克服的障碍。但是，如果我们无法坚持正确的工作信念，就会因为工作量的增加而顾此失彼。现在某些公司就因坚持这个原则而大有发展。这类公司只要自己的产品有点瑕疵，不管是谁订的，或订的是什么货，在任何状况下，都不会贸然出货。即使因此使同行抢先了一步也没有关系，这是他们坚持的方针。换句话说，就是希望自己的货都是完美的。



而且这类公司在经营措施上，一方面坚守这种基本方针，一方面也思索，这种方针行不通时该怎么办。松下认为最基本的仍应从自己有深入了解的事件开始学习。

经营者应以意志力和决心来贯彻自己已定的方针、政策和原则。在企业经营上，经营者能不能坚持原则，果断地下定决心，往往是影响事业成功的基本因素。所以一位有成就的企业家在启动一项业务之前，一定会先考虑自己对此事务的意图，及时而果断地下定决心，确定处理这项业务的基本方针。最后，则是设法使每一位员工了解努力的方向。只有每一位员工都能目标一致，站在自己的岗位上全力以赴，业务才能依计划逐一行动，从而迈向成功的坦途。

及时而果断地下定决心，是领导者发挥本身意志力的重要手段。一个拥有成千上万名员工的企业组织，突然遭遇到重大事故时，如果稍有迟疑迷惑、犹豫不决，不但会失去解决事情的良机，甚至会造成员工情绪的不安，弄得士气低落，工作效率也会急剧下降。

处在今天这种复杂多变的时代，企业与企业、人与人之间相互竞争，造成十分沉重的压力。时间的争取、意志的坚强,其关键在于能否把握方向。正如一条遭遇暴风的小船,能不能冲出惊涛骇浪,转危为安,完全靠着船上是不是有一位颇有"心计"且经验丰富、意志坚强、不屈不挠的舵手而决定。

尤其当企业组织不断扩大,用人愈来愈多,内部结构愈趋复杂时,所遭遇层出不穷的问题更是复杂。如果每件事情都等待社长和会长来做决策,那以经营者有限的精力,是不足应付的,而且容易贻误时机,漏失最佳的解决方法。为了解决这种弊端,松下常要求各级领导人一定要充分授权,使每一阶层的人都能够本着企业整体的目标和方针,不但能发挥智慧,自行在负责的业务上做决策,大胆地开展活动,而且要使这些活动都能有利所需。只有在面临自己无法独立解决的困难时,才向上级请求支援。

不过,各级干部在做决定之前,要慎重地考虑,周详地盘算,广泛地征求别人意见,才能使自己的决定不致发生太大的错误,这也是必要的,因为,世上没有一个全能的人可确保所有的决定都绝对正确,我们只能要求各位干部在做决定之前,先多方考虑,用自己的经验智慧参照客观的形势,审慎而迅速地做出"比较"合理、"比较"正确的决定,把错误的可能性减少到最低限度。



任何果断的决策都是自信的产物。所谓自信,就是在纷纷纭纭之中,能够坚持主见,敢于顶住来自各个方面的压力,而果断地做出决策,它常常表现为一种坚定的、不可动摇的信心。自信来自于企业家对自己能力、智力的正确估计。那些优秀的企业家超乎其他组织成员的洞察力和直觉将为其自信提供坚实的基础。

在竞争中,自信还表现为一种必胜的信念。日本兵法经营学者大桥武夫早年经营一家生产手表表壳的小厂,在高度的竞争环境中,他十分自信地认为,他的企业一定能够成功,绝不会被大企业打败。大桥十分推崇"战胜,始于将帅相信必胜;战败,生于将帅自认失败",认为一个经理如果没有勇敢的"攻击"精神和必胜的信念,他绝不能成为一个好经理。大桥自己说,他就是依靠了必胜的信念和"攻击"精神才渡过了几次大的波折,终于转危为安。

# 未动先谋

任何一个做事有“心计”并想尝试创业的人，必须先考虑清楚三个问题：“我能吗？”“我会喜欢吗？”“我该这样做吗？”这三个问题是创业者的最佳起跑点。

1. 我能吗？

这个问题只是要知道你是否有足够的知识及技术来成功创业。你现在该做的，是确定创业所需的知识及技术。此时，仔细地分析是十分重要的。不管是创业条件、个人背景，还是财务管理都是不可忽略的。你个人的理财经验可能仅包括财务资料的整理及分析，但创业所需的则是懂得在资金短缺时如何跟银行打交道的人。

此外，你可能认为业务管理是做好市场调查、制定年度目标、全国销售计划，或是实行某项业绩报酬计划的基础，但是，对一般小公司而言，业务管理却可能是要你亲自跟着业务员跑几趟，以便了解市场的需求及业务员的需要。也就是说，在人事精简的小公司里，你也许就得扮演跑业务的角色。



同样地，如果你从事制造业，你就要能够拟订出一套产能计划，而在经营之中你也需仰赖事业工程师的协助。

必须认识到：第一，大部分的公司主管人员都只专精一两项事务，而一般创业者则需要熟悉各项基本的事务。第二，独力创业的公司主管常是有下属代劳处理琐碎工作的资深人员。但是在小型企业里，身为经理的老板往往是要事必躬亲，总揽处理客户信用调查、公平分配员工周末上班时间等大大小小的事务。

所以，你一定要全盘了解经营一个企业所需的本事。当然，你不一定要十八般武艺样样精通，你可以慢慢学习，也可以请人代劳。不过，假他人之手的结果你也得注意，因为成本可能会相对提高，而且落得日后要一直依赖他人的地步。

2. 我会喜欢吗？

在创业过程中，一个不可忽略的事实是：创业者本身的角色扮演比经营能力足够与否更值得深思，因为成就感与快乐有时是跟办事能力无关的。以下九项因素可能影响你对拥有自己企业喜欢与否。

(1)你需要赚多少钱。

(2)你想要赚多少钱。

(3)地点。

(4)风险。

(5)成长潜力。

(6)同业竞争。

(7)工作环境。

(8)地位与形象。

(9)管理人事问题的能力。

这九项因素中,也许有一两项或全部都对你非常重要,但最后三项是特别值得我们一提的。

乍看之下,工作环境似乎是想当老板的人所该忍受的小小不便及牺牲。可是,一旦初始的新鲜感及兴奋热度逐渐退烧,你可能就会有另一番感受了。刚开始,你那又小又寒酸的开放式办公室好像有几分独特的可爱之处,但久而久之,你可能就觉得自己怎么连个隐私权都没有。为了开源节流,你每次出差旅行总是挑最划算的旅馆和饭店,想起当初在公司上班出差时的派头,更不由得怒从中来。还有一个大家都注意到的问题,就是工作时间。有些老板常自我调侃地说:"我一天只工作半天——从早上7点到晚上7点而已。"头几个星期或几个月,新官上任的拚命三郎精神或许会让人忘却工作之繁重,可是激情的冲动之后,你可能会直呼吃不消。



不管你喜欢与否,我们的地位与形象是视所从事的工作而定。有些时候,在一般公司上班确实能享有一些象征身份地位的东西,例如俱乐部的会员身份、豪华轿车接送服务、社会媒体曝光的机会等。今天,如果你自己是老板,你就得为自己开创出自己的地位与形象。但不幸的是,自营老板的身份往往没有大公司人员的身份吃得开。

人事管理能力的问题是最容易被低估的。有些地方或有些行业是要费很大的劲才雇得到人的,而就算雇请员工不是问题,小企业里的人事管理也够让你精疲力竭的。在一般公司上过班的人,一时可能还无法习惯次数这么频繁的面对面沟通,甚至是冲突。最后,人事管理之费时费力,常会让你觉得这是企业经营的绊脚石。可是不管怎样,人事管理永远都是企业经营中重要的避免不了的一环。

3. 我该这样做吗?

无论你从事哪一个行业,现在所要探讨的是每个创业者都要面对的。

孤独感是个很直接的问题。在公司里上班或许有很多缺点,但这样的团体工作却能提供你一些精神上及生理上的支柱。公司中的组织架构通常能让员工享有彼此回馈及鼓励的好处,但是独立创业者却得不到这样的待遇。身为老板的孤独感有时会让人想得太多,而无法以平常心看待成败。这时,坚强的自信心与强烈的自我认知是不可或缺的。

如影随形的工作渗透性是创业过程较不被注意的。简单地说,身为创业人,事业对你生活的影响可能是无孔不入的。在外谋职可能会让你的生活扭曲,将工作及私人、家庭生活分隔开来,而当老板要付出的时间与心思,则会侵入你拥有的分分秒秒。毕竟,你是一天24小时都负有当老板的责任。

生意风险是最受瞩目的问题。虽然在别人的公司谋职也得冒点风险,但是比起自己创业可真是小巫见大巫了。创业要是失败,不仅是财务受到损失,个人的自尊心、企业的声誉乃至个人的幸福都会遭到池鱼之殃。有时损失之惨重,甚至可能把你日后东山再起的老本也一并赔上了。所以,创业前一定要充分运用你的"心计",瞻前还要顾后,去降低风险和失败的指数。



## 不要忙中出错

办公室人士就是事情多,有时忙昏了头,再加上你没有或缺少"心计",就容易草率行事,其结果就有点不尽如人意。

且慢!为了达到自我保护的目的,奉劝阁下在行动之前一定要思考,特别是容易对你带来负面影响的事情,更是要再三思考。

比如,有相熟的朋友请你帮忙介绍职员,而偏巧公司里有一个适合的人选,这个介绍人应否做呢?在复杂的办公室里,一切须小心行事。

你心目中的人选是什么职位的?要是下属,首先你要有失去助手的心理准备,并不能让对方以为你不喜欢他,希望他离去。最好是先试探对方的意愿,如果下属也有意思,你的工作也到此为止,一切条件还是留待你的朋友与他直接商谈好了。

这人若是拍档呢？即使新职的发展确实适合他，你还是不要提出来，因为无论拍档另谋他职与否，对你与他之间的关系必有损无益。理由是，他大有可能以为你的好意是另有居心，大家各怀“鬼胎”，将来怎能合作？除非让你的朋友有机会结识拍档，由朋友直接找他商议，则另当别论。

要是这人是另一部门的同事，就比较好办，约他午膳，告诉他有这么一个机会，如果他有意思，你这个中间人就相约他俩自行商讨（你不必在场）。日后这位同事离职，你最好忘记自己是中间人。

又比如，一位同事急急跑来请你帮忙查看一些将要送出去的文件，但你正忙得不可开交，所以只胡乱望了一下，并没有细心翻阅，而且你以为对方早已将错误改正，找你翻看只是多一重保险，所以一切没有放在心上。

可是原来同事并没有小心检视，结果发现数个错处，文件要重做，招致公司损失不少的钞票。这位同事遭上司责备，希望你向其上司解释，错不在他。那你该怎么办呢？

不错，你的翻看确是马虎了点，但不必承担所有责任，告诉对方：“我当然要为这件事负一些责任，但要将文件检视清楚是你的责任，我对我所造成的麻烦感到抱歉。”



要是你真的向上司认错，其实却会变成在说他的不是，因为没有参与事件的上司会怀疑，或者直接问：为什么他不自己翻阅呢？如此对你们两人都有害无益。

在偶然机会下，你获悉一个秘密——上司跟同事勾结，利用职权套取公司的一些方便或好处。即使不是直接损害公司的利益，但起码是对公司不公平的，看在眼里，你一定有揭发他们的冲动。

然而，且慢，奉劝你作出义举前先详细分析情况。

你告发他们的目的是什么？要撬走他们？还是只收杀一儆百之效？无论如何，你必须了解一下，一旦行动，后果会怎样？

老板知道了这回事，必然不能容忍，肯定会辞掉两人，同时会更注意内部的各项制度，甚至立刻整顿人事。此举可能令你成为不受欢迎人物，在公司里被孤立。

只要你认定付出这代价是值得的，大可按计划行动。

如果老板是默许那种事存在的，那么你去告发，等于枉作小人了，而且多数无补于事，到头来你或许会被人瞧不起。在这样的情况下你只有两个选择，一是接受上司与同事的勾当；二便是另谋他就，眼不见为净。

你加入公司只有很短一段时间，但发现一个怪现象，就是同事们为了博取“勤劳”的印象，都爱在下班后仍留在公司。即使没有工作可做，他们也宁可随便做些琐事，消磨时间。

看在眼里，你很不满意，认为这是虚伪做法，十分不齿，浪费劳资双方的时间。但如果你独排众议，做完了任务就准时下班，这既是不合群的表现，又会令老板不满，很容易成为被排挤的对象。

这实在是很恼人的问题，你既不能公开说同事此举是“多余”，但更不想自己白白给比了下去，被认定为不够勤劳，大感进退维谷。

又如果你想向老板晓以大义，那更是愚不可及，因为所有老板必然喜欢员工无条件超时工作，哪管事实是否有此必要。若摆出事实，只会不受欢迎。

且慢！不要急于采取任何一个行动，那样的结果只能更加糟糕并让你处境更加艰难。不妨考虑以下做法：告诉上司，你下班后要上进修课程，所以必须准时下班，这样对任何人也没伤害，你自己也可以名正言顺地离去。



做下属需要获得领导赞许，还要赢得同事们的好评，的确是件不容易的事。最重要的是要有“心计”，让行动慢上一拍，考虑成熟再去做。

## 要勇于改正错误

做事时犯错误在所难免，关键是许多人在犯错后考虑的不是如何改正，而是面子问题。

虽然孔子说：“过而不改，斯谓过矣。”意思是说：犯了一回错不算什么，错了不知悔改才算真的错了。但是就真有许多人为了面子而“过而不改”，并且是明知是错却“过而不改”。

人无完人，做事时没有人不会没有错误，有时甚至还一错再错。既然错误是不可避免的，那么可怕的并不是错误本身，而是知错而不肯改，错了也不悔过。如此说来若因面子问题“过而不改”，那么“面子不要也罢”。

其实，如果一个人能坦诚面对自己的弱点和错误，再拿出足够的勇气去承认它、面对它，不仅能弥补错误所带来的不良后果，在今后的工作中更加主动活跃,而且能加深领导和同事对其的良好印象,从而很痛快地原谅其错误。这不但不是“失”,反是最大的“得”。

事实上,一个有勇气承认自己错误的人,他还可以获得某种程度的满足感。这不仅可以消除罪恶感和自我保护的气氛,而且有助于解决这项错误所制造的问题。戴尔?卡耐基告诉我们,即使傻瓜也会为自己的错误辩护,但能承认自己错误的人,就会获得他人的尊重,而且令人有一种高贵诚信的感觉。

喜欢听赞美是每个人的天性。忠言逆耳,当有人尤其是和自己平起平坐的同事对着自己狠狠数落一番时,不管那些批评如何正确,大多数人都会感到不舒服,有些人更会拂袖而去,连表面的礼貌也不会做,常常令提意见的人尴尬万分。这样下一次就算你犯更大的错误,相信也没有人敢劝告你了,其实这是做人的一大损失。

当我们错了——若是我们对自己诚实,这种情形十分普遍——就要迅速而坦诚地承认。这种技巧不但能产生惊人的效果,而且比为自己争辩强得多。

如果你总是害怕因为承认自己犯错而丢面子,那么,请接受以下这些建议:假若你必须向别人交代,与其替自己找借口维护面子,不如勇于认错,在别人没有机会把你的错到处宣扬之前,对自己的行为负起一切的责任。我们说这比面子更重要。



如果你在工作上出错,不要顾忌面子问题,立即向领导汇报自己的失误,这样当然有可能会被大骂一顿,可是上司的心中却会认为你是一个诚实的人,将来也许对你更加倚重,你所得到的可能比你失去的面子有价值得多。

如果你所犯的错误可能会影响到其他同事的工作成绩或进度时,无论同事是否已发现这些不利影响,都要赶在同事找你“兴师问罪”之前主动向他道歉、解释。千万不要因为怕丢面子而企图自我辩护,推卸责任,那样只会火上浇油,令对方更感愤怒。

每个人都会犯错误,尤其是当你精神不佳、工作过重或承受太沉重的生活压力时。偶尔不小心犯错是很普通的事情,关键是犯错后要用脑子仔细考虑清楚,究竟是面子重要还是改正重要。不要死要面子,为以后做事埋下隐患,事实上犯错误并不算什么罪大难饶的事,“有则改之,无则加勉”，与诚实相比，自己那点面子不要也罢。

## 不要强求知心人

“相交满天下，知心有几人？”这是人们对待人处世中朋友易交、知己难寻的慨叹。以这句话来看，交朋友以“知心”为最高境界，其实这是根本做不到的。李刚上大学时，常到附近的一个水果摊买水果。去多了，处熟了，也就跟老板成了朋友。有一天，李刚喉咙沙哑，老板问他为什么不喝点椰子汁，李刚说：“好啊！可是我不知怎么挑椰子。”老板笑道：“我帮你挑，摆得愈久的椰子愈甜，也愈好！”从那以后，李刚常去买椰子，还带朋友去，主动告诉朋友摆得愈久的椰子愈好。有一次，李刚跟女朋友一起去买了个椰子，特别请老板帮忙挑。可是拿回家，才把椰子靠柄的地方削掉，就觉得软软的不对劲，等插进吸管尝一口，差点吐了出来。那椰子壳里的果肉，已经烂在椰子汁中，散发出一股酸臭的味道。李刚突然发现自己上当了。长久以来，李刚把那人当朋友，他却只想把快坏掉的东西卖给李刚这个笨蛋。李刚后来常想，当自己介绍同学去向他买“烂椰子”的时候，他的笑容后面是怎么想的？他八成在笑这些买椰子的人都是一群书呆子。



每个人都有不欲为人窥见的隐私，人的内心也有一个不欲为人所知的隐秘堡垒，在这个堡垒里，他是主人，有至高无上的权威，一旦这个堡垒被攻破，再也没有隐秘，他便会发生失去隐蔽物、暴露在众人面前和缺乏安全感的慌乱，而为了重建这个堡垒，他会离开攻破他内心堡垒的力量，甚至施以报复，消灭那个力量，以保持堡垒的不再被侵犯。

在现代社会，人们的疑心越来越重，不希望自己的内心被别人看穿，也不希望知道更多别人的内心。假若强要知心，便会引起对方的反弹，启动他的防卫系统。这对人与人之间的交往自然是有负面的影响。因此，万一你具有某种灵慧，很容易知别人之心，那么你千万别自以为聪明，向对方表现你的知心术。三国时代的杨修就因为太聪明了，很会揣摩曹操的心思，按道理，曹操应说“知我者，杨修也”，可是他却把杨修杀了。因为杨修毫无“心机”地把自己知道的一切都说了出来，让曹操失去了安全感！试问，一个人如果心里面在想些什么你都知道得一清二楚，你想他会不会学曹操？

因此，在待人处世中，对上司、对同事、对朋友，甚至对兄弟、夫妻之间也都勿求知心，一定要切记："知心"不是美德，而是灾祸的种子！

## 卧薪尝胆，知耻而后进

卧薪尝胆的故事，常被用来鼓励人们刻苦发愤，忍耻吞辱，战胜困难，争取胜利。在变幻莫测的政治斗争中，每个人的情形时刻都有改变的可能，或由辉煌转向暗淡，或由高山峰巅跌入万丈深渊，如何在这强烈的反差中控制好自己的情绪，积累力量，东山再起呢？

春秋时，越王勾践被吴王夫差打败，退守在会稽山上，越王要求跟吴国讲和，吴国的条件是要勾践夫妇到吴国给夫差当仆役，勾践答应了。

勾践将国事委托给大夫文种，让大夫范蠡随他夫妇前往吴国。到了吴国，他们住在山洞石层中，夫差每次外出，勾践都亲自为他牵马。有人指骂他，他也不在乎，低头顺眼，始终表现出一副驯服的面孔，很讨夫差欢心。

一次，夫差病了，勾践在背地里让范蠡预测一下，知道此病不久就会好，然后他就亲自去见夫差，探问病情，并亲口尝了尝夫差的粪便，向夫差道贺，说他的病很快就会好的。夫差问他怎么知道，勾践就胡编说："我曾经跟名医学过医道，只要尝一尝病人的粪便，就能知道病的轻重。刚才我尝了大王的粪便，味酸而稍微有点苦，用医生的话说，是得了'时气症'，所以病会好，大王不必担心。"

果然不几天，夫差的病就好了。夫差认为勾践比自己的儿子还孝顺，深受感动，就把勾践放回国去。

勾践归国后，深为会稽之耻而痛苦，一心伺机报仇。他睡不好觉，吃不好饭，不近美色，不看歌舞，苦心劳力，唇干肺伤，对内爱抚群臣，对下教育百姓，经过三年，百姓都归顺了他。

勾践为了更好地笼络群臣，有甘美的食物从不独自享用，有酒把它倒入江中，与人民共饮。他自己耕种吃饭，靠妻子亲手织布穿衣，吃喝不求山珍海味，衣服不穿绫罗绸缎。为了坚持锻炼斗志，不过舒服生活，连褥子都不用，床上铺着柴草，还准备了一个苦胆，随时尝一尝苦味，以不忘所受之苦。他还经常外出巡视，随从车辆装着食物去探望孤寡老弱病残，并送给他们食物吃。

然后，他召集诸大夫，向他们宣告说："我准备和吴国开战，拼个死活，希望士大夫踏肝践肺同日战死，我跟吴王颈臂相交肉搏而亡，这是我最大的愿望。如果这些办不到，从国内考虑，估计我们的国力不足以损伤吴国，从国外结盟的诸侯也不能毁灭它，那么，我将抛弃国家，离开群臣，自带佩剑，手举刺刀，改变容貌，更换姓名，去当仆役，拿着箕帚侍奉吴王，以便找机会跟吴王决战。我虽然知道这样做危险太大，要被天下人所羞辱，但我的决心已定，一定要想法实现！"

后来越国终于与吴国在五湖决战，吴国军队大败，越军包围了吴王的王宫，攻下城门，活捉夫差，杀死吴国宰相。灭掉吴国两年后，越国称霸诸侯。

勾践卧薪尝胆、以屈求伸的故事告诉我们要"知耻而后勇"。一般说来，一个人（或一个民族、一个国家）从知耻、忍耻到雪耻，这个过程必然有一段历史距离。大多数受辱者，或由于力量悬殊，寡不敌众，或由于天时地利不如对方，在与敌人抗争的过程中致使自己被对方打败而遭受屈辱，但又不能立即雪耻，只能将耻辱强忍吞下，铭刻心头，经过养精蓄锐，日渐强大，等到时机成熟，再雪旧耻，正所谓"君子报仇，十年不晚"便是这个道理。



"知耻而后勇"，其实质是忍今日之耻，而求明日之伸，但若一味地忍耐就无意义可言。那么，为何要忍呢？正是所谓"十年河东，十年河西"，相信目前虽然处于不幸的环境中，但是终究会有峰回路转的一天，以此来不断地提醒和鼓励自己忍受眼前一时的痛苦，等候时来运转。这其中，最关键的是等待，要相信时间的公平。《菜根谭》中有这样一段话："伏久者飞必高，开先者谢独早，知此，可以免蹭蹬之忧，可以消躁急之念。"

长久潜伏在林中的鸟，一旦展翅高飞，必然一飞冲天；迫不及待开放的花朵，必会早早凋谢。凡事焦躁无用，身处横逆之中，只有善屈善忍、储备精力，一鸣惊人的机会才会来临。能够忍耻，能够忍受痛苦而等待，都是不忘耻辱的结果。古人说："人不可以无耻，无耻之耻，无耻也。"也就是说，一个人不可以不知耻，不知道耻辱的耻辱，才是真正的耻辱。

对耻辱有两种截然不同的态度：有人知耻、忍耻、雪耻。知耻后，一时无法雪耻，只好暂时隐忍，一旦时机成熟，立即将耻辱洗雪干净，勾践就是其中的典型。但也有人受耻而不知耻，即所说的厚颜无耻或恬不知耻，也就是说，这种人能厚着脸皮忍耻而无信心、决心或勇气雪耻，则是可悲可叹。

三国蜀后主刘禅就是这样一个十足的无耻之徒。当时，魏国的镇西将军邓艾攻蜀，一路过关斩将，直取成都，蜀国君臣成了亡国奴。后主刘禅不但亲自乞降，又令蜀将姜维向魏将钟会投降（他这样做并非像勾践那样屈一时之辱而后雪耻）。刘禅降魏后，魏主设宴招待他，有意安排演出蜀地原有的杂技，四周蜀国降者观后极为悲伤，而刘禅却兴致极高，谈笑风生。

有一日，魏主问刘禅："先生是否愿归蜀地？"刘禅竟然答道："生活在这儿很快乐，不想回去了。"

真是可悲之极！

"为国而耻者，知耻而后进；为己而乐者，亡国不知耻"，后人这样评价勾践和刘禅。

有人说，在政治生涯中，应不问过程而求结果。同样，在屈伸之间，伸是最终目的，屈为伸而服务，只伸不屈，会输得头破血流；只屈不伸，无作用无意义可言，只是窝窝囊囊地活着。



## 不要卖弄自己的聪明

苏格拉底在雅典一再告诫他的门徒："你只知道一件事，那就是你一无所知。"孔老夫子也说："人不知而不愠，不亦君子乎？"

这些话要告诉你的就是你即使真有两下子，也不要太出风头，要藏而不露，大智若愚。也就是说，在待人处世中，不要卖弄自己的雕虫小技。

《庄子·杂篇》中有一则寓言：吴王乘船渡过长江，登上一座猴山。猴子们看见国王率领大队人马上山来了，都惊叫着逃进丛林，躲藏在树丛茂密的地方。有一只猴子却从容自得，抓耳挠脑，在吴王面前上窜下跳，故意卖弄技巧。

吴王很讨厌这只猴子的轻浮，便张弓搭箭向它射去。这只猴子存心要显露本事，因此，当吴王的箭射来时它就敏捷地跃起身，一把抓住飞箭。吴王转过身去，示意随从们一齐放箭。箭如雨下，不可躲闪，那猴子终于被乱箭射死。

这就是爱出风头人的下场，他们自以为掌握一点本事，就生怕别人不知道，无论在什么人面前都想"露两手"，总想表现自己，对一切都满不在乎，头脑膨胀，忘乎所以。在待人处世中，这种人百分之百要失败。

那么，如何做人才算是不卖弄自己的聪明呢？不妨从以下三方面注意

1. 要在生活枝节问题上学会“随众”，“萧规曹随”，跟着别人的步履前进。美国的艾伦·芬特在《小照相机》一书中有过这样的心理测验：

一个人走进一家医院的候诊室，他向四周一看，感到非常惊讶：每个人都只穿着内衣内裤坐着等候。他们穿着内衣内裤喝咖啡、阅读报刊杂志以及聊天等，这个人起初非常惊奇，后来判断这群人一定知道一些他所不知道的内情，于是20秒钟之后，这个人也脱下外衣，仅着内衣内裤，坐着等候医生。

这种随众附和的做法，至少有两大实际目的：第一，社会上的群居生活需要大家互相合作。第二，在某些情况下，当你茫然不知所措时，你该怎么办？当然是仿效他人的行为与见解，从而发掘正确的应对办法。

2. 不要显示你比他人更聪明。如果别人有过错，无论你采取什么方式指出别人的错误：一个蔑视的眼神儿，一种不满的腔调，一个不耐烦的手势，都可能带来难堪的后果。罗宾森教授在《下决心的过程》一书中说过一段富有启发性的话：“人有时会很自然地改变自己的想法，但是如果有人说他错了，他就会恼火，更加固执己见。人有时也会毫无根据地形成自己的想法，但是如果有人不同意他的想法，那反而会使他全心全意地去维护自己的想法。不是那些想法本身多么珍贵，而是他的自尊心受到了威胁……”

3. 贵办法不贵主张，换一句话说，就是多一点具体措施，少一些高谈阔论。年轻人对于诸多事情总是喜欢发表主张：主张是对于某种事物的观察所得，观察分析才能有所得。所得能够成为一种主张，当然是一件可喜的事情。但是，如果急于求得理解，一有所得，不看对象，不分场所，立即发表出来，往往是没有什么好处的。

少一点高谈阔论，多一点具体的切实可行的办法。譬如，上司和同事或者朋友希望你帮助他办某件事，你可以拿出一套又一套的办法，第一套方案，第二套方案……总之，你千方百计把问题解决了，这比发表“高见”不是有意思得多吗？不说空话，而又能干得成实事，你将给人以一种沉稳的成熟者的形象。

不要把别人都看成是一无所知的人。其实，我们周围的人，和你一样，

都各有主张。多数人都不喜欢采纳别人尤其是下属的主张，因为这往往会被认为有失身份，有损体面。如果我们把同事都看成是庸才，只有自己有真知灼见，于是在一个团体内多发主张，结果被采纳的百分比恐怕是最低的，而且很可能是最先被淘汰出局的人。

为什么做人要提倡“别卖弄自己的聪明”呢？这是因为“聪明”是相对的，是对某一具体的方面、具体的人而言的。你在这个人面前很聪明，而在另一个人面前很可能就不怎么样。所以，聪明还是不聪明并不是什么做人的资本，反而是是否有“心机”的表现，根本不值得卖弄。

## 吃点小亏怕什么

《老子》中说：“名与身孰亲？身与货孰多？得与失孰病？是故甚爱必大费，多藏必厚亡。故知足不辱，知止不殆，可以长久。”意思是讲人的一生之中，名誉、名声和生命到底哪个更重要呢？自身与财物相比，何者是第一位的呢？得到名利地位与丧失生命相衡量起来，哪一个是真正的得到，哪一个又是真正的丧失呢？所以说过分追求名利地位就会付出很大的代价，你有庞大的储藏，一旦有变则必然是巨大的损失。对于追求名利地位这些东西，要适可而止，否则就会受到屈辱，丧失你一生中最为宝贵的东西。



老子的话极具辩证法思想，告诉我们应该站在一个什么样的立场上看待得失的问题。也许一个人可以做到虚怀若谷，大智若愚，但是如果事事吃亏，总觉得自己在遭受损失，渐渐地就会心理不平衡，于是就会计较自己的得失，再也不肯忍气吞声地吃亏，一定要分辨个明明白白，结果朋友之间、同事之间是非不断，自己也惹得一身怨气，而所想得到的也照样没有得到，这是失的多还是得的多呢？

宓子贱是孔子的弟子，鲁国人。有一次齐国进攻鲁国，战火迅速向鲁国单父地区推进，而此时宓子贱正在做单父宰。当时也正值麦收季节，大片的麦子已经成熟了，不久就能够收割入库了，可是战争一来，这眼看到手的粮食就会让齐国抢走。当地一些父老向宓子贱提出建议，说：“麦子马上就熟了，应该赶在齐国军队到来之前，让咱们这里的老百姓去抢收，不管是谁种的，谁抢收了就归谁所有，肥水不流外人田。”另一个也认为：“是啊，这样把粮食打下来，可以增加我们鲁国的粮食，而齐国的军队也抢不走麦子作军粮，他们没有粮食，自然也坚持不了多久。”尽管乡中父老再三请求，宓子贱坚决不同意这种做法。过了一些日子，齐军一来，把单父地区的小麦一抢而空。

为了这件事，许多父老埋怨宓子贱，鲁国的大贵族季孙氏也非常愤怒，派使臣向宓子贱兴师问罪。宓子贱说：“今年没有麦，明年我们可以再种。如果官府这次发布告令，让人们去抢收麦子，那些不种麦子的人则可能不劳而获，得到不少好处。单父的百姓也许能抢回来一些麦子，但是那些趁火打劫的人以后便会年年期盼敌国的入侵，民风也会变得越来越坏，不是吗？其实单父一年的小麦产量对于鲁国强弱的影响微乎其微，鲁国不会因为得到单父的麦子就强大起来，也不会因为失去单父这一年的小麦而衰弱下去。但是如果让单父的老百姓以至于全鲁国的老百姓都存了这种借敌国入侵能获取意外财物的心理，那才是危害我们鲁国的大敌。这种侥幸获利的心理难以整治，那才是我们几代人的大损失呀！”

宓子贱自有他的得失观，他之所以拒绝父老的劝谏，让入侵鲁国的齐军抢走了麦子，是认为这样失掉的仅是有形的、有限的那一点点粮食，而相比较之下，让民众存有侥幸得财得利的心理才是无形的、无限的、长久的损失。得与失应该如何取舍，宓子贱作出了正确的选择。要忍一时的失，才能有长久的得，要能忍小失，才能有大的收获。



中国历史上很多先哲都明白得失之间的关系。他们看重的是自身的修养，而非一时一事的得与失。春秋战国时期的子文，担任楚国的令尹。这个人三次做官，任令尹之职，却从不喜形于色，三次被免职，也怒不形于色。这是因为他心里平静，认为得失和他没有关系了。子文心胸宽广，明白争一时得失毫无用处。该失的，争也不一定能够得到，越得不到，心理越不平衡，对自已毫无益处，不如不去计较这一点点损失。

患得患失的人是把个人的得失看得过重。其实人生百年，贪欲再多，官位权势再大，钱财再多，也一样是生不带来死不带走。处心积虑、挖空心思地巧取豪夺，难道就是人生的目的？这样的人生难道就完善，就幸福吗？过于注重个人的得失，会使一个人变得心胸狭隘，斤斤计较，目光短浅。而一旦将个人利益的得失置于脑后，便能够轻松对待身边所发生的事，遇事从大局着眼，从长远利益考虑问题。例如：南朝梁人张率，12 岁时就能做文章。天监年间，担任司徒的职务。他喜欢喝酒。有一次，他派家中的仆人运 30 石米回家，等运到家里，米已经耗去了大半。张率问其原因，仆人们回答说："米被老鼠和鸟雀损耗掉了。"张率笑着说："好大的鼠雀！"后来始终不再追究。张率不把财产的损失放在心上，是他的为人有气度，同时也看出来他的作风。粮食不可能被鼠雀吞掉那么多，肯定是仆人所为，但追究起来，主仆之间关系恶化，粮食还能收得回来吗？粮食已难收回，又造成主仆关系的恶化，这不是失得更多、更大吗？同样，唐朝柳公权，他家里的东西总是被奴婢们偷走。他曾经收藏了一筐银杯，虽然筐子外面的印封依然如故，可其中的杯子却不见了，那些奴婢反而说不知道。柳公权笑着说："银杯都化成仙了。"从此不再追问。

《老子》中说："祸兮福所倚，福兮祸所伏。"得到了不一定就是好事，失去了也不见得是件坏事。正确地看待个人的得失，不患得患失，才能真正有所得。人不应该为表面的得到而沾沾自喜，认识人，认识事物，都应该是认识其根本。得也应得到真的东西，不要为虚假的东西所迷惑。失去固然可惜，但也要看失去的是什么，如果是自身的缺点、问题，这样的失又有什么值得惋惜的呢？



## 夹起尾巴做人

人生大致有两种状态难以把握，一种是失败甚至是惨败的时候，一种是成功得有一点儿张扬的时候。前一种好理解，其实，后一种尤为重要。因为这种"大意"很可能让你转胜为败。所以，任何人都需要夹紧尾巴，这似乎已经承认了某种恶劣的人性，但是，很难有其他的办法让全世界的人都有尊重别人自由的理念。

在这个世界上，无论你怎样标榜自己，充其量都是个普通人，今天所拥有的一切都是因为自己过去的奋斗，这里面夹杂着别人的不少心血。因此，名人的尾巴夹得很紧，他们和别人的差距不在于他是一个名人，而在于他们知道人这一辈子不容易，得活自己的，更要尊重别人的。无论怎么样，都不能招人烦，动不动就跟人家吆五喝六的，谁有工夫搭理你呀。学会这一点比什么都重要。这就是魅力，内容千变万变，形式却是经久不变的。

我始终觉得夹紧尾巴是一种道德选择，因为这不仅代表着你的清醒，还代表着你对以往朋友帮助的感谢。如果你是一个忘恩负义的人，必然把尾巴翘得高高的，殊不知，一部人类史，正是人在道德目标的引导下不断前进上升的历史。抑制不良的欲望，就要保持一颗平常之心，赶走狂妄的情绪。正如《菜根谭》所说："冷眼观人，冷耳听语，冷情当感，冷心思理。"因为"性躁心粗者一事无成，心平气和者百福自集"。

趾高气扬的人要获得人生的增长点，就应该向一切尊重人类生命的道德力量鞠躬，包括面对年轻人。不要担心自己表现出愚蠢的样子，人要想全面地发展，就得质朴、谨慎、求实。按照常理来说，鞠躬的时候是不应该翘尾巴的，因为那样会露出不该暴露的部位，如同是公园里的猴子。在这个意义上讲，我们时刻都应该注意到自己尾巴的位置，要不然，想瞻前顾后也找不着方位。

有一点需要特别指出：尾巴绝不是旗帜。我们衡量一个人有多么成功，从来不看它的尾巴有多么高，看的是他脚踏实地的能力。而且，从另一个角度考虑，他只要专心投入，就很难有翘尾巴的时间。翘尾巴是闲人的专利，因为他们"无事"，所以总想表露自我，从而生出些"非"来。而奋斗者恰恰从另一个角度思考问题，他们考虑的是如何更上一层楼，坐在冷板凳上不知疲倦的他们没有时间把屁股露出来，所以，他们一直受到别人的尊重。

# 第八章

## 好口才带来好运气

有时机会完全是说出来的，口才好，事情办起来就简单容易；口才差，简单的事情就变得复杂，不但办不成事，搞不好还得罪人。

所以，做事时，一定要注意语言的大忌。不能信口开河，胡言乱语，把好事办成坏事，应尽量注意语言的艺术，让口才帮助自己把事情办好。

# 办事需要好口才

在这个纷繁芜杂的人世生存，求人办事是稀松平常的事。虽然有人说求人难，但也不至于难于上青天，只要你掌握一定的语言技巧，一切困难都将迎刃而解。

在求人办事的过程中，人们不难发现，同样的请求内容，不同的人用不同的方法和语言表达出来，得到的结果常常是不一样的。那么，怎样才能使被请求者乐意答应自己的请求呢？

求人语言要做到诚恳、礼貌，不强加于人（有时还需要委婉）。所谓诚恳是指要让被请求者感到你是发自内心地求助于他，从而重视你的请求。这是做事有"心计"者求人成功的先决条件。

所谓礼貌是指应该尽量选用被请求者乐意接受的称呼，像在问路、请求让座时，这一点就显得非常重要。问路时，称对方为"老头"、"小孩子"，那你肯定一无所获；若改用"老人家"、"小朋友"等，效果就会好些。

不强加于人是指不用命令、祈使的语气，而多用委婉、征询的口气，例如，尽可能地使用"麻烦……""劳驾……""可以……吗"这类句式，即使对相识者也不妨这样。下面，我们介绍几种运用求人语言的具体技巧，也许会有助于你的请求得到最理想的答复。

1. 以情动人

这一般用于比较大的或较为重要的事情上。把对人的请求融入动情的叙述中，或申述自己的处境，以表示求助于人是不得已之举；或充分阐明自己所请求之事并非与被请求者无关，以使对方不忍无动于衷、袖手旁观。

2. 先"捧"后求

所谓"捧"在这里是指对所求的人恰到好处、实事求是的称赞，并不包括那种漫无边际、肉麻的吹捧。求人时说点对方乐意听的话，尤其是顺便就与所求之事有关的方面称赞对方一下，也不失为一种求人的好办法。

3. "互利"承诺

这是指在求人时不忘表示愿意给对方以某种回报，或将牢记对方所提供的好处，即使不能马上回报对方，也一定会在对方用得着自己的时候鼎力相助。配以“互利”的承诺，让对方觉得他的付出值得，同时也会对求助者多一分好感。

4. 寻找“过渡”

倘若向特别要好和熟悉的人求助，可以直截了当、随便一点。但在求助于关系一般的人、生人或社会地位较高的人时，则常常需要一个“导入”的过程。这个“导入”过程可长可短，得视情况而定。

此外，还要尽量防止自己的话无意间冒犯了对方。所以，在有求于人时应事先对对方有所了解，若无意中冲撞了对方，岂非前功尽弃？

## 优雅言谈易成事

办事有“心计”的人往往善于说话，善于说话的人往往容易办成事，因此你要培养良好的谈吐。

人类用来沟通的工具或媒介，包括语言、文字、态度、表情和姿态。其中最普遍、最有效的工具为语言，它占所有的沟通流量的百分之九十以上。良好的谈吐，可以增进人与人之间的相互了解，可以把彼此间的歧见逐渐凝聚成为共同的意见。它代表一个人的精神、睿智和学识修养。更重要的是它能增长智慧，使你办起事来更容易。



有位名叫亚诺·本奈的小说家曾说：“日常生活中大部分的摩擦冲突都起因于恼人的声音、语调以及不良的谈吐习惯。”此话说得颇有道理。何故？只要我们细察生活在自己身边的人就会发现，谈吐的缺陷往往可能导致个人事业的不幸或损及所服务机构的荣誉与利益，可能导致父子不和、夫妻离异乃至人际关系的紧张恶化。

一个有良好谈吐习惯的人不仅受人欢迎，而且做事更易成功。反之，一个人如果谈吐有障碍或者表达能力不足，则会被人低估能力，还会被人扭曲形象。一个人即使思想如星星熠熠生辉，即使勤奋得如一头老黄牛，即使知识渊博得像一本百科全书，但若缺乏良好的谈吐能力，成功的机遇往往比有良好谈吐的人要少得多，也往往难以达到自己的理想目标。

有“心计”的人会发现平常说话有许多口头“敬语”，可以用来表示对人尊重之意。“请问”有如下说法：借问、动问、敢问、请教、借光、指教、见教、讨教、赐教等；“打扰”有如下词汇：劳驾、劳神、费心、烦劳、麻烦、辛苦、难为、费神、偏劳等。如果我们在语言交际中记得使用这些词汇，相互间定可形成亲切友好的气氛，减少许多可以避免的摩擦和口角。

你和人相见，互道“你好”，这再容易不过。可别小瞧这声问候，它传递了丰富的信息，表示尊重、亲切和友情，显示你懂礼貌、有教养、有风度。

日本人说话爱道“谢谢”。有人统计，一个在百货公司工作的日本职员，一天平均要说 571 次“谢谢”，否则他就不是一个好职员，有被解雇的可能。不管 571 次这个数字是否准确，但有一点须承认，顾客如果买了东西，营业员对他说声“谢谢，欢迎再来”，顾客不买东西，只是逛了一圈，仍对他说声“谢谢，欢迎光临”，相信顾客更愿意光顾这样洋溢着温馨气氛的场所。

美国人说话爱说“请”。说话、写信、打电报都用，如请坐、请讲、请转告等。传闻美国人打电报时，宁可多付电报费，也绝不省掉“请”，因此，美国电话总局每年从 “请” 字上就可多收入一千万美元。美国人情愿花钱买“请”字，我们与人相处，说个“请”字，既不费力，又不花钱，何乐而不为？

英国人说话少不了“对不起”，凡是请人帮助之事，他们总开口说声“对不起”：对不起，我要下车了；对不起，请给我一杯水；对不起，占用了您的时间。英国警察对违章司机就地处理时，先要说声“对不起，先生，您的车速超过规定”。两车相撞，大家彼此先说“对不起”。在这样的气氛下，双方自尊心同时获得满足，争吵自然不会发生。



相比之下，我们有些人做得很不够。马路上，骑车者碰倒了行人，有的骑车者会先发制人：“混蛋，你怎么不闪开！”被撞者是受害方，自然不会让步，于是开始谩骂、厮打。此时，如果骑车人真诚地说声“对不起，您没伤着吧”，被撞者再大度一些，结果会大不相同。

良好的谈吐令人心花怒放，满面春风。

语言沟通与个人的人格特质关系密切。人格是一个人固定的行为模式。针对如何进行语言的沟通，我们提出如下建议：懂得赞扬别人。赞扬别人时要真诚。争辩是伤害人际关系和友谊的毒箭，应多用商量和协调的口吻，少逞强争辩，说话不可武断，不说扫兴话。即使心有不快，亦不可借嘲弄来讽刺人，语气要温和客气。越是不满和激怒，越需要用温和与客气的态度来处理问题，顶撞绝无好处。避免采取教训别人的口气，那对彼此都无好处。要平心静气讨论问题的本身，而不能毛毛躁躁地攻击对方的自尊。要学会聆听，仔细地听，欣赏别人的意见，并估量它究竟与自己的意思相差多远。当你被激怒时，应该说“让我想想”，争取短短的十几秒钟，让自己不说话。你的心思会有时间和空间来做休息，激动的语言就不至脱口而出。少使用批评的语句，多解析事情的真相，先谈彼此有同感的事情，让对方一开始就说：“不错！不错！”接二连三地提出对方认为正确的部分，又次次赞同他的论点。最后，使对方不知不觉地同意几分钟前还坚决否定的结论。千万不要直接批评他的错处，而要平心静气引导对方赞同自己的结论。

今天，说话的作用在个人成长和工作中日渐重要。可以说良好的谈吐是你做事获得成功的催化剂。

## 学会和陌生人说话

要想让陌生人不再陌生，建议你先考虑一个问题：为什么你跟老朋友谈话不会感到困难？很简单，因为你们相当熟悉。相互了解的人在一起，就会感到自然协调。而对陌生人却一无所知，特别是进入了充满陌生人的群体时，有些人甚至怀有不自在和恐惧的心理。你要设法把陌生人变成老朋友，首先要在心目中建立一种乐于与他们交朋友的愿望。心里有这种要求，才能有行动。



这里，以到一个陌生人家去拜会为例。如果有条件，首先应当对将去拜会的客人作些了解，探知对方一些情况，比如他的职业、兴趣、性格之类。

当你走进陌生人的住所时，你可凭借你的观察力看看墙上挂的是什么。国画、摄影作品、乐器……都可以推断主人的兴趣所在，甚至室内某些物品会牵引起一段故事。如果你把它当做一个线索，不就可以由浅入深地了解主人心灵的某个侧面吗？当你抓到一些线索后，就不难找到开场白。

如果你不是要见一个陌生人，而是参加一个充满陌生人的聚会，观察也是必不可少的。你不妨先坐在一旁，耳听眼看，根据了解的情况，确定你可以接近的对象。一旦选定，不妨走上前去向他作自我介绍，特别对那些同你一样在聚会中没有熟人的陌生者，你的主动行为是会受到欢迎的。

应当注意的是，有些人你虽然不喜欢，但必须学会与他们谈话。当然，人都有以自我兴趣为中心的习惯，如果你对自己不感兴趣的人不瞥一眼，一句话都不说，恐怕也不是件好事。你可能会被人认作是骄傲，甚至有些人会把这种冷落当做侮辱，从而产生隔阂。和自己不喜欢的人谈话时，第一要有礼貌，第二不要接触有关双方私人的事。这是为了使双方自然地保持适当的距离，一旦你愿意和他结交，就要一步一步设法缩小这种距离，使双方容易接近。

在你决定和某个陌生人谈话时，不妨先介绍自己，给对方一个接近的线索，你不一定先介绍自己的姓名，因为这样人家可能会感到唐突。不妨先说说自己的工作单位，也可问问对方的工作单位。一般情况，你先说说自己的情况，人家也会相应告诉你他的有关情况。

接着，你可以问一些有关他本人但又不属于隐私的问题。对方有一定年纪的，你可以问他子女在哪里读书，也可以问问对方单位一般的业务情况。对方谈了之后，你也应该顺便谈谈自己的相应情况，才能达到交流的目的。

和陌生人谈话，要比对老相识更加留心对方的谈话，因为你对他所知有限，更应当重视已经得到的任何线索。此外，他的声调、眼神和回答问题的方式，都可以揣摩一下，以决定下一步是否能纵深发展。



有人认为见面谈谈天气是无聊的事。其实，这要具体问题具体分析。如果一个人说："这几天的雨下得真好，否则田里的稻苗就旱死了。"而另一个则说："这几天的雨下得真糟，我们的旅行计划全给泡汤了。"你不是也可以从这两句话中分析两人的兴趣、性格吗？退一步说，光是敷衍性的话，在熟人中意义不大，但对于陌生人的交际还是有作用的。如遇到那种比你更羞怯的人，你应该跟他先谈些无关紧要的事，让他心情放松，以激起他谈话的兴趣。和陌生人谈话的开场白结束之后，特别要注意话题的选择。那些容易引起争论的问题要尽量避免，为此当你选择某种话题时，要特别留心对方的眼神和小动作，一发现对方有厌倦、冷淡的情绪时，应立即转换话题。

在与人聚会时，常常会碰到请教姓名的事，"请问您尊姓大名？"你要牢牢记住对方的姓名，在对方说出姓名之后，你应立即用这个名字来称呼对方。当你碰到一个可能已经忘记了的人，你可以表示抱歉："对不起，不知怎么称呼您？"也可以说半句："您是——"，"我们好像——"，意思是想请对方主动补充回答，如果对方老练，他自然会接下去。看，让陌生人不再陌生就是这么简单！

# 善于打破沉默

如果你在谈话中与对方陷入了长久的沉默中，那将是非常糟糕的事情，这时若是有“心计”的人一定不会放任这种沉默，而是想办法去打破它。

打破沉默局面通常有两个基本要求：一是深入分析引起沉默的真实原因。如张三因患急性咽喉炎而不愿说话，你却以为张三对你说话的主题没有兴趣，于是转换话题想打破对方的沉默状态，那肯定是难以奏效的。二是在打破沉默的过程中，不要给对方以压迫感。只有巧妙地打破沉默，才能给双方带来语言沟通的热情和感受到社交的乐趣。如你的朋友第一次参加某社团的集体活动，因为拘谨而沉默寡言，这时你可主动向他介绍有关的情况，并引见诸位，在轻松愉快的气氛中，使你的朋友不知不觉地消除拘束感，沉默也就被打破了。



打破沉默局面，应该从多个方面着手。

1. 放下架子

如果是自己太清高、架子大，使人敬而远之，而造成了对方的沉默，则主要应从完善自己的个性着手，在社交场合中主动些、热情些、随和些。

如果是自己太自负，盛气凌人，使对方反感，而造成了沉默，则要注意培养谦虚谨慎的品德，多想想自己的短处，在社交场合中适当褒扬对方的长处，并真诚地表示向对方学习。

如果是自己口若悬河，讲起话来漫无边际、无休无止而导致了对方的沉默，则要注意自己讲话应适可而止，并主动征求对方的看法和意见，让对方也有机会表达自己的立场和观点。不要让人觉得你是在作单方面的“说教”，而应让人觉得彼此是在进行双向沟通，让对方产生你很重视他的观点的印象，引发他的交谈欲望，从而使谈话不致陷于沉默之中。

2. 说他感兴趣的话题

如果对方流露出对此话题不感兴趣而不想开口的情绪，那最好是马上转移话题，选择对方乐于谈论的事情进行交谈，或故意创造机会让对方自己转移话题。

如果对方事先没有准备，对此话题有兴趣但又不知从何谈起，那么应以简明的、富有启发性的交谈来开阔对方的视野，活跃对方的思想，从而引起对方的谈话兴趣，消除沉默。

如果对方自我防卫的意识太强，不轻易开口，那么就要努力创造非正式的交谈气氛，支持和鼓励对方无顾忌地坦率交谈，不马上反驳对方的观点，对其一些合理的看法给予赞许，促其进入交谈。

如果对方过于谦让而造成了沉默，则要增强交谈的竞争气氛，用热烈、紧张而有趣的谈话激发沉默者进入交谈。

3. 寻找共同点

如果是因为双方互不了解，不知谈什么得体，那么就应当主动作自我介绍，并使交谈涉及尽可能广泛的领域，从中发现双方的共同话题。

如果因双方过去曾经发生的摩擦或隔阂而造成了沉默，那么就应该高姿态，求大同存小异，或者干脆把过去的隔阂抛在脑后，仿佛什么也没有发生似的，热情地与之攀谈，增强信任和友善的气氛。

如果是刚刚发生了争论而出现了沉默，那么就应当冷静下来，心平气和地谈些无分歧的问题；如果局势太僵，则可暗示在场的第三者出面积极调解，打破沉默。



4. 找个合适的环境

如果对方觉得当前环境不适合他发表意见，那么可以换个环境，也许他就愿意敞开心扉来谈。如果对方认为环境中的个别因素妨碍了交谈，在可能条件下，可以排除这些干扰因素，使对方积极地参与交谈。

## 说动别人帮你忙

一个会办事的人在向别人提出办事要求时，特别注意使用礼貌语言，维护对方的面子，照顾人家的意愿。因为他深深知道彬彬有礼的语言是最好的敲门砖，可以讲究分寸，让对方不经意间向你敞开心扉。下面通过一些实例，教你做个有“心计”的人：

1. 间接请求

(1)通过间接的表达方式(例如使用能愿动词、疑问句等)以商量的口气把有关请求提出来，显得比较婉转一些，令人比较容易接受。例如：“你能否尽快替我把这事办一下？”(比较：尽快替我把这事办一下！)通过比较，我们不难看出，间接的表达方式要比直接的表达方式礼貌得多，因而更容易得到对方的帮助或认可。(2)借助插入语、附加问句、程度副词、状语从句及有关句型等来减轻话语的压力，避免唐突，充分维护对方的面子。例如："不知你可不可以把这封信带给他？"（比较：把这封信带给他！）我们可以发现，语言中有很多缓冲词语，只要使用得当，就会大大缓和说话的语气。(3)激将请求是通过流露不太相信能成功的想法把请求、建议表达出来，给对方和自己留下充分的退路。例如："你可能不愿意去，不过我还是想麻烦你去一趟。"在请别人帮忙或者向别人提出建议时，如果在话语中表示人家可能不具备有关条件或意愿，就不会强人所难，自己也显得很有分寸。

2. 缩小请求

尽量把自己的要求说得很小，以便对方能顺利接受，满足自己的愿望和要求。例如："你帮我解决这一步就可以了，其余的我自己想办法。"我们确实经常发现，人们在提出某些请求时往往会把大事说小，这并不是变着法儿使唤人，而是适当减轻给别人带来的心理压力，同时也使自己便于启齿。



3. 谦恭请求

通过抬高对方、贬低自己的方法把有关请求等表达出来，显得彬彬有礼、十分恭敬。例如："您老就不要推辞了，弟子们都在恭候呢！"请求别人帮助，最传统有效的做法是尽量表示虔敬，使人家感到备受尊重，乐于从命。

4. 自责请求

首先讲明自己知道不该提出某个请求，然后说明为实情所迫不得不讲出来，令人感到实出无奈。例如："真不该在这个时候打搅您，但是实在没有办法，只好麻烦您一下。"在人际交往中，要知道在有的时候、有些场合打搅别人是不合适、不礼貌的，但有时又不得不麻烦人家，这就应该表示知道不妥，求得人家谅解，以免显得冒失。

5. 体谅请求

首先说明自己了解并体谅对方的心情，再把自己的要求或想法表达出来。例如："我知道你手头也不宽裕，不过实在没办法，只好向你借 100 元。"求人的重要原则就是充分体谅别人，这不仅要在行动中体现出来，而且要在言语当中表示出来。

6. 迟疑请求

首先讲明自己本不情愿打扰对方，然后再把有关要求等讲出来，以缓和讲话语气。例如：“这件事我实在不想多提，可你一直忘了替我办。”在提出要求时，如果在话语中表示自己本不愿意说，这样就会显得自己比较有涵养。

7. 述因请求

在提出请求时把具体原因讲出来，使对方感到很有道理，应该给予帮助。例如：“隔行如隔山，我一点儿也不知道人家那边的规矩。你是内行，就替我办了吧？”在提出请求时，如果把有关理由讲清楚，就会显得合乎情理，令人欣然接受。

8. 乞谅请求

首先表示请求对方谅解，然后再把自己的愿望或请求等表达出来，以免过于唐突。例如：“恕我冒昧，这次又来麻烦你了。”请求别人原谅，这是用礼貌语言交际最有效的方法，人们常常使用这种方式来进行交流，显得比较友好、和谐。



## 唯唯诺诺难成事

唯唯诺诺，是退缩、软弱、依赖、懈怠的象征。一个人说话唯唯诺诺，办事唯唯诺诺，只能说明这个人很窝囊，难有发展。尤其是一个唯唯诺诺的下属，恐怕一辈子都要在原来的职位上蹲着。

什么是唯唯诺诺？它是一个人没有自信、没有魄力、缺乏勇气的一种表现，是一种软弱的心理缺陷。唯唯诺诺者多遵守纪律，乐于服从，但在许多情况下，这种服从对领导者来说是一种无用的服从。因为这种人给人的感觉是难当大任，不可能会创造性地开展工作，而能独当一面的人则能成为领导的“台柱子”。

被称为“推销之神”的日本明治保险公司理事原一平就是靠着他的勇气和胆识获得了领导的赏识，并最终获得了事业上的成功。

当原一平 31 岁时，仍不过是明治保险公司的一名普通业务员。一次，他想进谒三菱财阀的最高负责人兼本公司理事长串田万藏，请求他写一封介绍信，以便结识日本各企业高级经营人员，开展保险业务。

他走入三菱总公司大厦串田理事长的会客厅，坐了好长时间，竟睡着了。后来，他的肩膀被人戳了几下，只听见串田理事长大声喝道："有什么事啊？"原一平吓了一跳，狼狈地站起身来，好半天才说清来意。串田没好气地反问道："什么？你想要求我做介绍保险对象这种玩意吗？"

原一平听后，不禁气冲冲地嚷了起来："你这个混账东西！你竟然说保险是一种'玩意'，公司不是一直教育我们说保险是正当事业吗？亏你还兼着保险公司理事长哩，我这就回去告诉大家。"说罢，他掉头冲出客厅。

原一平十分沮丧，很晚才回到家。一进门，却看到串田派人送来的急信，上面写着："今天你特意来见我，我却白活了这么大岁数，没能善待你，实在失礼了。明天是休息日，如不嫌弃，请你到舍下一趟。"第二天，原一平受到了串田热情的接见。串田从原一平的暴怒中看到他对工作忘我的热忱，认为他是一个尽职的干才，决定予以重用。

这个例子告诉我们，下级应该在工作中表现出勇气和热忱，敢于对领导的错误予以指出，敢于表现自己的才能和自信，从而使领导认识你，欣赏你，信赖你，委以重任，才能成为领导事业上的助手和知音。所以，作为下属，要想获得领导的重视和尊重，使自己成为一个对领导有用甚至是无法离开的人，就要尽量避免唯唯诺诺这种软弱的表现。



正如曾在日本电力公司服务，被人称为"公司之魄"的松永安左卫门说的那样："人要有气魄，只要有气魄，天下无难事。丧失气魄的人，就没救了；有气魄者，地位、金钱均可纷至沓来。"我们说，下属能够取信于领导，能够为领导所重视和尊重，最重要的是不仅要有实力还要有办事的"心计"。聪明而有"心计"的下属会在领导面前表现自己的才干和魄力，替领导解决问题，领导才不会忽视你。而唯唯诺诺者靠的则是领导的怜悯，一旦他不再需要你，你便会变得一无是处，而且，你的软弱表现还会助长他的侵害行为。

唯唯诺诺会使你的才干被埋没，得不到领导的赏识。领导说什么就是什么，不敢提出反对意见，你的好想法也就不为人知，你的才干就无法充分发挥出来。没有对你工作能力的欣赏，领导是绝不会看重你的。

唯唯诺诺会使领导对你的才干产生怀疑。唯唯诺诺是一种消极的行为方式，表现的是人的性格中不进取、不强大的一面。而许多工作的开展，则特别需要人的勇气、毅力、坚韧、果断、积极主动的态度和创造性精神。显然，唯唯诺诺者不会让领导感到放心，不敢把重担交付给你。一个下级不能替领导做大事，又怎么能为领导所重视呢？一旦领导对你留下缺乏才干、没有气魄的印象，你将会失去很多宝贵的机遇。毕竟，每一个下级都不想一辈子碌碌无为，永远停留在被领导的位置上。

唯唯诺诺会使你创造不出使领导满意的工作实绩。唯唯诺诺者有一个特征，就是依赖性较强，不能够脱离领导的直接指挥和明确指示而独立地开展工作，工作中也是谨小慎微，胆小怕事，不敢有所创新，不敢越雷池半步。试想，领导之所以把一部分工作交给下级去做，是因为他觉得自己的下属能很好地完成它，如果你仍旧需要事事得到上级的确切命令才能行事，这就等于把他分配给你的工作又踢了回去，他一定不会高兴的。而且，事实上，要做好任何一件事，都离不开人的勇气和胆识，许多工作还需要人的创造性，没有或缺乏这方面的素质，就难以出色地完成工作任务。而一个没有工作实绩，在领导眼中是无能之辈的下属，想获得领导的欣赏和重用，这种可能性实在是很小。

如果你不幸是个唯唯诺诺的人，从这一刻就改正吧，因为它就像生命之船上的蛀虫，有百害而无一益。



## 向所有的人讨教

孔子教导我们要“不耻下问”，这早已被广为传诵。而作为一个有“心计”之人，单单是不耻下问是满足不了那颗求知欲极强的心的，所以“下问”的同时更要敢于并乐于“上问”，上问自是向领导、向比自己强的人请教。也许领导学历并不如你高，也许他某些方面的能力不见得很强，但是他之所以成为领导，自然有他的长处，多向他请教不但能增长自己的能力，有助于更好地完成工作，也能给领导留下良好的印象。一举两得，何乐而不为呢？

陆和李是同一名牌大学的毕业生，他们的成绩都很优秀。两人被分配到同一家单位。一年以后，陆被提升为部门主管，李则被调到公司下属的一家机构，地位明升实降，没有任何实权。为什么呢？

他们到该单位后，领导各交给他们一项工作。陆在分析调查之后，提出了若干方案给领导看,又向领导逐条分析利弊,最后向领导请教该使用哪个方案。这时,领导对他的分析已经很信服,当然采取了他所推荐的那个方案。然后,他又问领导如何具体实施。领导说,你自己放手干吧,年轻人比我们有干劲。陆连忙说,自己刚来,一切都不熟悉,还得多听领导的意见。因为陆的态度谦恭,意见又到位,领导很满意,当即向几个部门的头头打电话,让他们大力协助陆的工作。因为有了领导的交代,陆在实施自己的方案时又时时注意与各部门人员的协调,他的工作完成得又快又好。

小李呢?他也做了精心的准备,方案也设计得十分到位。但他一心沉浸在工作的热情中,全然不记得要向领导请示一下。领导是开明的,既然说过让他全权处理,自然也不干涉,但也没有和下面人交代什么。等到小李把自己的计划付诸实践时,各部门人员见他是新来的,免不了有些怠慢,小李心直口快,与某人顶了起来,这可惹了麻烦,因为这人正是公司总经理的亲信。后果可想而知,他的工作处处受阻,最后计划中途流产。

有人因为害羞不敢向领导请教,有人因为自傲不愿向领导请教,有人害怕向领导请教会显出自己没水平……其实这些顾虑大可不必,多思勤问的人总是会得到领导的重视。一则,你的提问显出你对工作的热情和思考;二则,你的提问显出你的谦虚和诚恳。这种人谁会不喜欢呢?



## 把忠言说得顺耳

“忠言逆耳”是千百年来被证实了的道理,但是有时候为了全局的利益忠言不能不进,最好的办法是让忠言也不逆耳,这就需要你在谏忠言时多用点“心计”,以达到一举两得甚至多得的目的。

在现实生活中,由于领导的一时冲动或认识问题的不足,或者本身就自恃权重而决策失误,使个人、企业甚至国家即将蒙受经济和信誉上的损失时,应当仗义执言,阐明利害关系,说服领导收回成命。

赵奢原先只是赵国田部的官吏,负责征收田租的工作。当时,平原君赵胜家不肯照规定缴纳,赵奢依法施罚,杀了平原君家九个当权管事的人。平原君大怒,预备杀赵奢以示报复。

赵奢趁机说:“您是赵国的贵公子,今天连您自己也放任家臣不守国法,国家法令的尊严就会受损;法令受损,国势会因而削弱;国势削弱,则诸侯就会伺机而动，赵国的危亡就在旦夕了。到那时，您如何享受这种富贵的生活呢？反之，以您的富贵之家带头奉公守法，则可以引导全国上下一心，国家就会富强，赵国的地位自然稳固了，而您呢，贵为国戚，还怕天下人轻视吗？”

平原君认为赵奢是一个有远见的人，就把他推荐给了赵王。

平原君毕竟是爱自己国家的人，江山社稷也是他们家族的天下，所以采纳意见，顾全大局。同时，也发现了一个忠心耿耿的拥护者。

在现代社会中，有很多的企业家并不通过调查，而只是通过凭空想象，仅考虑到某些方面，就做了某项决定，造成不利的影响。对于这些情况，不能听之任之，应当仗义执言，否则一旦出现问题，领导依然会振振有词地说："为什么没有人反映？"虽然是大家共同的责任，但对于企业和社会的损失将是很难弥补的。

领导往往都比较自信，而且做事往往会独断专行。所以，如果你诉说的仅仅是目前的现象和实情，有时就不能获取他的认同，而且搞不好，有的领导还会认为你不理解他的苦衷，甚至产生误解，认为你是在有意逃避责任。怎样才能让领导充分理解你的苦衷呢？一定要记住：在必要的时候，对这样的领导，你可以采用推导结局的方式，从领导准备做出的决定出发，合乎逻辑地推导出最可能产生的后果，从而引发领导内心深处对你观点的认同，而达到申说的目的。



小常受聘于一家私立学校，由于学校的宣传很到位，学校开办伊始就有很好的生源，这样一来，倒是授课的老师有些忍受不了了。但领导认为应该“宁缺毋滥”，决定只用现有的教师力量，增加教师每周的课时，并承诺按增加的课时给老师们提高工资。可小常却有自己的看法，他认为一个特别看重自己的名声且有高度责任感的老师，如果这样每天超负荷工作，势必身心疲惫，从而影响教学质量，对自己的名誉和学校的长远发展都很不利。于是他决定向领导申说一下自己的想法。他从关心学校的前途命运入手，指出教学质量和精益求精的重要性，从而推导出如果按照领导的方式发展下去，在教学上难免会出现敷衍的现象，而这正是领导所非常关心的问题。他的申说很自然地引起了领导的高度重视。

仗义执言也要分清领导的真实意图，或许领导并不是真正地想请下属提意见，而是有一种向下属炫耀自己水平的心理，这时更要多点“心计”，否则不但得不到什么好感，反而会对自己的前途产生不利的影响。

同时提意见也要采用相应的方式，诸如先扬后抑，或采用请教的方法都可以达到相应的效果。

小麦曾经在一家广告公司任职。她工作上能吃苦，且待人热情、聪明能干，自然得到老板的赏识。但有一天，老板找到她，说自己制订了一份公司经营规划，想让她给提提意见，小麦就轻易地把她直率的个性显露出来了，对老板的经营规划提出了不少批评意见，而且有的地方还批评得异常尖刻。当然，她的出发点是好的，而且她的很多意见都很有见地，照理说应该得到老板的赏识。但不足一个月，她被老板炒了鱿鱼。因为虽然老板大多数表面上会摆出一副虚心采纳下属意见的姿态，可真正能够做到这一点的很少很少。小麦错就错在自己说话太直率了，明显地不把领导放在眼里，伤害了领导的尊严。

我们都知道要想得到别人的尊重，就必须先尊重别人。对于领导和老板也是如此。尊重老板的具体表现就是你的言谈举止，尤其是在老板要你给他提意见时，这时你的语言技巧显得格外重要。比如，你可以采用赞扬和肯定的语气，先对老板的计划赞美一番：“老板，你的计划真的很棒，假如付诸实施的话，一定能使公司的业绩有大幅度的提高。不过，我想到一个问题，你看在这个方面能不能这样……”采用这种方式提出自己的意见，既能够让老板开心，还能够让他采纳你的意见，岂不两全其美？



办事有“心计”的人有一个最大的长处是懂得察言观色，说话委婉，不急不躁，听似柔若无骨，实则主见分明，此类忠言又怎么会逆耳呢？

## 要会赞美别人

一般人都爱听赞美的话，赞美往往也是一种动力。赞美是一种博取好感和维系好感最有效的方法，也是鼓励人继续努力的兴奋剂，这是由人的本能所决定的。

美国一位企业家这样形容卡耐基：“他是一位会握着你的手，鼓励你、赞美你的人。在我的生活经验中还没有碰到一个能赶得上他的人。有许多人，虽然拥有职权，但他们没有嘉许人的雅量，只会讥讽别人，像这样怎么能成就伟大的功业呢？”

其实这位企业家是最能领会“卡耐基精神”的人。

有人说，在这位企业家的眼里，赞美别人已成为一种异乎寻常的驱动工具。

当这位企业家就任造船厂厂长的时候，他调动了工人群众巨大的工作热情，他的传记中这样写道：

“从经理到工人，他都很大方地给予嘉奖，称赞工作人员的工作技巧，使受奖的人都觉得这比金钱奖赏更为可贵。”

这家造船厂承造的军舰最终在27天内完工，造船场里所有的记录都被打破了。老板召集造舰的全体工作人员发布一篇庆功的演说辞，并且赠给每人一枚银质奖章和威尔逊总统的一封信，最后他转向负责监造人，从自己的袋子里掏出个金表，亲手交给他，作为一个小小的纪念。

有时候把赞扬送给别人，就像把食物施给饥饿的乞丐。在许多时候，它就像维生素，是一种最有效果的食物。

有的人严格有余而赏“银”不足，吝啬赞美他人，结果往往使一些“马仔”暗中捣鬼或干脆“走人”。这些人要好好反省。

善于赞美也是技巧，表扬的话说得得体，可以轻轻松松让一批人兴奋，大家伙都高兴了，还有什么事办不好呢？



## 见什么神仙烧什么香

办事首先要做的是重视人的因素，先知人后办事。我们办事时的直接对象，即事的主体是人，没有人的存在，就谈不到事，因为每个人的品质、性格、爱好都不一样，我们办事所涉及的人也各有不同。如果你明白了对方是哪个类型的人，应付起来就比较容易了，这就是因人制宜。常言道，到什么山唱什么歌，见什么人说什么话。如果你了解了下面这八种类型的人，就明白了与这些类型的人该怎样打交道。

1. 寻找死板人的兴趣点

这种类型的人，就算你很客气地和他打招呼、寒暄，他也不会做出你所预期的反应来。他通常不会注意你在说些什么，你肯定遇到过这种人。和这种人交际，刚开始多多少少会感觉不安，但这实在也是没办法的事。

遇到这样的情况，你就要花些时间，仔细观察、注意他的一举一动，从他的言行中寻找出他所真正关心的事来。你可以随便和他闲聊，只要能够使他回答或产生一些反应，那么事情也就好办了。接下去，你要好好利用此一话题，让他充分表达自己的意见。每一个人都有他感兴趣、关心的事，只要你稍一触及，他就会滔滔不绝地说下去，此乃人之常情，故你必须好好掌握并利用这种人的心理。

2. 简言应付傲慢无礼的人

有些人自视清高、目中无人，时常表现出一副“唯我独尊”的样子。像这样举止无礼、态度傲慢的人，实在叫人看了生气，是最不受欢迎的典型。但是，当你不得不和他接触时，你要如何对付他呢？

对付这一类型的人，说话应该简洁有力才行，最好少跟他啰嗦，所谓“多说无益”。因此，你要尽量小心，以免掉进他的圈套里去。

不要认为对方客气，你也礼尚往来地待他，其实，他多半是缺乏真心诚意的。你最好在不得罪对方的情况下，言词尽可能“简省”。

3. 面对沉默寡言的人要直截了当

和不爱开口的人交涉事情，实在是非常吃力的，因为对方太过沉默，你就没办法了解他的想法，更无从得知他对你是否有好感。对于这种人，你最好采取直截了当的方式，让他明确表示“是”或“不是”，“行”或“不行”，尽量避免迂回式的谈话，你不妨直接地问：“对于 A 和 B 两种办法，你认为哪种较好？是不是 A 方法好些呢？”

4. 不要揭穿深藏不露之人的“伪装”

我们周围存在许多深藏不露的人，他们不肯轻易让人了解其心思或知道他们在想些什么，有时甚至说话不着边际，一谈到正题就“顾左右而言他”。

双方进行交涉，其目的在于了解彼此的情况，以使任务圆满完成。因此，要经常挖空心思去窥探对方的情报，期待对方露出他的“庐山面目”来。

但是，当你遇到这么一个深藏不露的人时，你只能把自己预先准备好的资料拿给他看，让他根据你所提供的资料做出最后决断。

人们多半不愿将自己的弱点暴露出来，即使在你要求他提供答案或提出判断时，他也故意装作不懂，或者故意言不及义地闪烁其词，使你有一种“莫测高深”的感觉。其实这只是对方伪装自己的手段罢了。

5. 瞻前顾后应对草率决断的人

这种类型的人，乍看好像反应很快。他常常在交涉进行到最高潮时忽然做出决断，予人“迅雷不及掩耳”的感觉。由于这种人多半是性子太急了，因此，有的时候为了表现自己的“果断”，决定就会显得随便而草率。

像这样的人经常会“错误地领会别人的意图”，也就是说，由于他的“反应”太快，每每会对事物产生错觉和误解，其特征是：没有耐心听完别人的谈话，往往“断章取义”，自以为是地做出决断。如此，虽使交涉进行较快，但草率做出的决定多半会留下后遗症，招致意料不到的枝节发生。

从事交涉，总是要按部就班地来。倘若你遇到上述这种人，最好把谈话分成若干段，说完一段（一部分）之后，马上征求他的意见，没问题了再继续进行下去，总之你既要瞻前还要顾后，如此才不致发生错误，也可免除不必要的麻烦。

6. 适可而止打发冥顽不灵的人

冥顽固执的人是最难应付的，因为无论你说什么，他都听不进去，只知坚持一己的意见，死硬到底。跟这种顽固分子交手是最累人且又浪费时间的，结果往往徒劳无功。因此，在你和他交涉的时候，千万要记住“适可而止”，否则，谈得愈多、愈久，心里愈不痛快。

对付这种人，你不妨及时抱定“早散”、“早脱身”的想法，随便敷衍他几句，不必耗时自讨没趣。



7. 耐心应对行动迟缓的人

对于行动比较缓慢的人，最是需要耐心。与人交际时，可能也会经常碰到这种人，此时你绝对不能着急，因为他的步调总是无法跟上你的进度，换句话说，他是很难达到你的预定计划的。所以，你最好按捺住性子，拿出耐心，尽可能配合他的情况去做。

8. 遇见自私自利的人能忍则忍

这世上自私自利的人为数不少，无论你走到哪儿，总会遇到几个。这种人心目中只有自己，凡事都将自己的利益摆在前头，要他做些于自己无利的事，他是绝不会考虑的。当我们不得不与其接触、交涉时，只有暂时按捺住自己的厌恶之情，姑且顺水推舟、投其所好。当他发现自己所强调的利益被肯定了，自然就会表示满意，如此，交涉就会很快获得成功了。

求人办事要重视办事的主体——人，凡是办事有“心计”之人都懂得见什么人说什么话，进什么庙念什么经，这才是办事成功的关键所在。

# 不要口不择言

“你会说话吗?”这样问你,你一定觉得可笑,只要是正常人,说话谁不会?实际上,问题并没有那么简单。谁都会说话,但有人说话总是没有“心计”,口不择言,像机关枪扫人,一阵狂扫,只顾自己快活,不顾别人死活。

我们还是先看几个笑话:

一剃头师傅家被盗劫,第二天,剃头师傅到主顾家剃头,愁容满面。主顾问他为何发愁,师傅答道:“昨夜强盗将我一年积蓄劫去,仔细想来,只当替强盗剃了一年的头。”主人怒而逐之,另换一剃头师傅。这师傅问:“先前有一师傅服侍您,为何另换小人?”主人就把前面发生的事细说了一遍。这师傅听了,点头道:“像这样不会说话的剃头人,真是砸自己的饭碗。”

在寿宴上,客人同说“寿”字酒令。一人说“寿高彭祖”,一人说“寿比南山”,一人说“受福如受罪”。众客道:“这话不但不吉利,且‘受’字也不是‘寿’字,该罚酒三杯,另说好的。”这人喝了酒,又说道:“寿天莫非命。”众人生气地说:“生日寿诞,岂可说此不吉利话。”这人自悔道:“该死了,该死了。”



有一人请客,四位客人有三位先到。这人等得焦急,自言自语道:“咳,该来的还没来。”一客人听了,心中不快:“这么说,我就是不该来的来了?”告辞走了。主人着急,说:“不该走的又走了。”另一客人也不高兴了:“难道我就是那该走又赖着不走的?”一生气,站起身也走了。主人苦笑着对剩下的一位客人说:“他们误会了,其实我不是说他们……”最后一位客人想:“不说他们就是说我了。”主人的话未完,最后一位客人也走了。

由此看来,如果我们说话时不加注意,就可能伤人败兴,引起误解,惹怨招恨。我们要注意说话的场合、对象、气氛,不要口不择言,想说就说。像有些人去菜市场,问卖肉的:“师傅,你的肉多少钱一斤?”或饭馆服务员上一盘香肠,说:“先生,这是你的肠子。”这类生活中的笑话,我们要注意避免。

明人吕坤认为,说话是人生第一难事。像上面所说的情况,还不是太难的。只要注意语言修养,慢慢就会减少我们说话的纰漏和不足之处,提高我们语言交际的水平。

## 沉默为金

有些人心里藏不住话，听到什么、看到什么就爱四处传播，这是一个很大的缺点，中国有句俗话“病从口入，祸从口出”，许多是非往往是我们多嘴多舌造成的。

当然，人长了嘴巴就是要说话的，但说话一定得看场合，看时机。如果说话不看场合，不讲究方式方法，不分责任，不考虑结果，往往容易惹出是非和麻烦来。特别是青年人，社会阅历少，经验不足，爱说敢说，如果不注意控制，就更容易因话惹祸。这时不管你是有心还是无心，长期下去，最终会害了自己。

在我们的日常生活中，舌头惹出的风波太多了。不负责任的背后瞎说，毫无根据的怀疑猜测，不经调查的轻信乱传，东拉西扯的闲言杂语，都会给许多人造成痛苦和烦恼，给人世间增添许多是非和不幸。当然给别人带来不幸的同时，往往自己也会不舒服。

“害人的舌头比魔鬼还厉害……上帝仁慈为怀，特地在舌头外面筑起一排牙齿，两片嘴唇，好让人们在开口讲话之前多加考虑。”这是文学家的语言，意思是说我们在说话之前要多加考虑，要负责任，不能出口伤人，损害别人。

其实，言为心声，语言受思想支配，反映一个人的品德。不负责任，胡说八道，造谣中伤，搬弄是非等，都是不道德的。能管住自己的舌头就是做人最大的成功之一。

## 沉默是最有力的回击

某机关有一个女孩子，平日只是默默工作，话并不多，和人聊天，总是微微笑着。有一年，机关里来了一个争强好斗的女孩子，由于她这种性格，很多同事都不愿与她共事，不是辞职就是请调。最后，她矛头指向了这个沉默寡言的女孩子。某日，这位好斗的女孩子抓到了那位一贯沉默的女孩子的把柄，立刻点燃火药，噼里啪啦一阵，谁知那位女孩只是默默地笑着，一句话也没说，只偶尔蹦出一个字：“啊？”最后，好斗的那个主动鸣金收兵,但也已气得满脸通红,一句话也说不出来了。

过了半年,这位好斗的女孩子也自请他调。你一定会说,那个沉默的女孩子“心机”实在太好了,其实不是这样,而是那位女孩子听力不大好,理解别人的话有些困难,总是要慢半拍,当她仔细聆听别人的话语并思索别人话语的意思时,脸上又会出现“无辜”、“茫然”的表情。那位好斗的女孩对她发作很久,很卖力,她回的却是这种表情和“啊?”难怪斗不下去,只好鸣金收兵了。这个故事说明了一个事实:“沉默”的力量是何其地大,面对“沉默”,所有语言的力量都消失了!

只要有人的地方,就会有斗争。这不是新鲜事,人性本来就弱肉强食,和平相处才是怪事,因此你要有面对不怀善意的力量的心理准备。你可以不去攻击对方,但保护自己的“防护网”一定要有,而装聋作哑有时是最厉害的武器。又聋又哑的人听不懂别人的话,自然也不会加入争斗,别人自然也不会和他们争斗,因为这只是徒劳。不过大部分人都不聋又不哑,一听到不顺耳的话就会回嘴,其实一回嘴就中了对方的计,不回嘴,他自然就觉得无趣了。他如果还一再挑衅,只会凸显他的好斗与无理取闹罢了。



因此面对你的沉默,这种人多半会在几句话之后就仓皇地“且骂且退”,离开现场,如果你还装出一副听不懂的样子,并且发出“啊”的声音,那么更能让对方“败走”。不过,要“作哑”不难,要“装聋”才是不易,因此也要培养对他人言语“入耳而不入心”的功夫,否则心中一起波澜,要不起来回他一两句是很难的。学习装聋作哑,可以不战而胜,也可避免自己成为别人的目标,而习惯装聋作哑,也可避免自己去找人麻烦,实在是为人处世的绝妙方法。

## 闲谈不搬弄是非

闲谈是促进人与人关系,加强团结合作的工具。

在谈话中,我们可以获得知识,获得情感。然而,在闲谈中,有时也会产生不幸的结局,这说明说话也有负效应。

病从口入,祸从口出,道理谁不晓得?有时口舌的危险性的确不小,一句不负责任的话,弄不好会使人丧失生命,这绝不是危言耸听。

生活中有那么多人喜欢瞎扯舌头,很让人讨厌。比如某甲听到某少女不洁的谣言之后，当成新闻到处传播，这无形中给那无辜少女以巨大的压力，而很可能酿成无端的悲剧，如此传播小道消息的人极不负责任。

闲谈中，更要回避对方忌讳的事。被击中痛处，对任何人来说，都不是令人愉快的事。不去提及他人弱点，是做人应有的美德。

所以，我们可以由此得知，无论人格多高尚多伟大的人，身上都有“逆鳞”存在。只要我们不触及对方的“逆鳞”，就不会惹祸上身，还能平步青云。所谓的“逆鳞”就是我们所说的“痛处”，也就是缺点、自卑感。在人际关系上，我们有必要事先研究，找出对方的“逆鳞”所在，以免说话的时候有所涉及。

所以，说话的时候一定要警惕祸从口出，我们不妨从下面几个方面去注意：两个人交谈，尽量避免谈论第三者，如果所谈之事不可避免地要涉及他人，也要掌握分寸，与事有关的方面可以谈，但只限于此。

在与人闲谈中，不嘲笑对方的一时失态，不批评对方的一时失误，经常给别人留下台阶，才是真正的君子之风。久而久之，与你打交道的人都会认为你是一个宽宏豁达、胸襟磊落的人。这样你会受到大家的欢迎，做起事来也比较容易。



## 不可开过分的玩笑

一家出版社里的一位男性新婚不久，大概是心情愉快、生活稳定吧，人渐渐胖起来。

有一天，一位女同事的先生来，他和那位日渐发胖的同事是旧识，大家聊了一会儿，女同事的丈夫突然对新婚的同事说：“你怎么搞的，胖得这个样子，满脸横肉，像肥猪一样。”大家听了笑了起来。

那位同事一时变了脸色，一声不吭。等那人走了之后，他才爆发开来，大骂他说话恶毒。女同事送走她先生回来，立即赔不是，把场面弄得很尴尬。

好朋友彼此间开玩笑，有点过但无伤大雅就可以了，但那女同事的先生用词的确太损了些，难怪人受不了。后来呢？这两位昔日的旧识再也没来往过。生活中，由一个玩笑造成的悲剧实在是太多了，皆因玩笑伤害了自尊。

所以，开玩笑、损人应有分寸，否则伤害人、得罪人而不自知，那才得不偿失。

当然，开玩笑过火是避免不了的，但也不能因为如此就拒绝开玩笑，整天一本正经。这也没有必要，因为这样反而会拉远你和别人之间的距离，但要开玩笑之前，应有些认识：再豁达随和的人也有自尊心，他也许可以不在乎一百次一千次的玩笑和嘲弄，但不能忍受他在乎的人或事被开玩笑、嘲弄，你若搞不清楚他的好恶，开了不得体的玩笑，他就算不发作，也会记在心里。人不可能完全了解另一个人，这点你必须承认，更何况有人天生敏感，容易受伤，你认为好玩的，他可能不认为好玩，也就是说，开玩笑要看人。

喜欢开玩笑或嘲弄别人的人常不知不觉就过了头，因此要开玩笑之前应先三思，以免出口成刀，伤害他人。总之，涉及有关人身的、有批评意思的、敏感的和隐私的玩笑要少开，宁可不开玩笑，也不要让人不愉快，如果硬要开玩笑，不如开自己的玩笑。



## 慎用好口才

有一种人，反应快，口才好，心思灵敏，在生活或工作中和人有利益或意见的冲突时，往往能充分发挥辩才，把对方辩得脸红脖子粗，哑口无言。

长此以往，这种人就形成了一种习惯：不管自己有理无理，一要用到嘴巴，他绝不会认输，因为他有本事抓你语言上的漏洞，也会转移战场，四处攻击，让你毫无招架之力，虽然你有理，他无理，但你就是拿他没办法。

而一般常见的情形是，人们虽然不敢在言语上和你交锋，但对的事情大家心知肚明，反而会同情“辩”输的那个人，你的意见并不一定会得到支持，而且别人因为怕和你在言语上交锋，只好尽量回避你。如果你得理还不饶人，把对方“赶尽杀绝”，让对方没有台阶下，那么你已种下一颗仇恨的种子，这对你绝对不是好事。有好口才不是坏事，但运用不当则会成为坏事，因此你若有好口才，建议你：

1. 把口才 用来说明事理，而不是用来战斗。不过当有人攻击你时，你当然可以“自卫”。

2. 有好的口才，也必须要有内涵，否则别人会笑你全身只有舌头最发达。

3. 要驳倒对方，保卫自己的意见时，点到为止即可，切莫让对方“无地自容”，换句话说，要给对方台阶下。

4. 别人得罪你时，你虽理直气壮，但也不必把对方骂得狗血淋头。

5. 若自己的观点有错，要勇于认错，并接受对方的观点，切莫用辩论的技巧死命反击，因为黑就是黑，白就是白，硬辩只会让别人看不起你。

好口才再配上好的“心机”，这样的人无疑会很有影响力，如果空有好口才而不知收敛，带来的损失也可能是巨大的。因为他把“逞口舌之快”当成一种“快乐”，这是这种人最大的悲哀。

## 让话语如春风般宜人

做人正直很有必要，但说话一味正直就不太可取了，因为不适当的直言如同反面说话一样，是一种消极和否定的语言暗示，不是使人产生反感，就是使人顾虑重重，增加心理压力，而恰当得体的委婉话语意味着进行积极的语言暗示，防止消极的语言暗示。



如医生给人看病，遇到病情较严重而又诊治不及时的病人，就直言道：“你怎么这么瘦哇！脸色也很难看！”“你知道你的病已经到了什么地步了吗？”“哎呀！你是怎么搞的？你这个病为什么不早点来看哪！”这些说法里所包含的消极作用会使病人怎么想呢？作为医生这是治病还是致病呢？

相反，如果换一种方式，医生说：“幸好你及时来看病，只要你按时吃药，多注意休息，放下思想包袱，相信你很快就会好起来的。”这将给病人很大的鼓舞。

又如，当妻子买了一件衣服征求丈夫的意见，丈夫觉得妻子穿这件衣服不太合适，如果丈夫不尊重体贴妻子的心情，就会直露地批评说：“你看你的审美观真成问题，一把年纪了还穿这么鲜艳的衣服，岂不成老妖婆了？”这样生硬、贬损的话必定会伤害妻子的自尊心。如果丈夫尊重体谅妻子的心情，就会把否定的意见说得委婉得体，给予暗示：“不错，颜色真鲜艳，给女儿穿，那是很漂亮的。”

当你去拜访朋友，主人热情地拿出水果、零食招待你，而你却直言说：“不吃，不吃，我从来就不喜欢吃零食，再说我刚吃完饭，肚子饱得很，哪还有胃口吃这些东西?"这样不仅让人扫兴,而且还伤了主人的自尊心。你应该体谅到主人的一片热情和好意,委婉地说:"谢谢,谢谢!多新鲜的水果,多甜的糖,只可惜刚吃完饭,没有胃口吃了,太遗憾了!"

总之,委婉说话不仅是一种策略,也是一门做人的艺术。说话委婉含蓄是做人有"心机"的一个必要条件,也是待人处世的方法。作为一个现代人,应当有这种文明意识,掌握这一有利于人际交流的语言表达方式。

## 永远避免正面冲突

第二次世界大战刚结束的一天晚上,美国人戴尔?卡耐基在伦敦得到了一个极有价值的教训。当时他是罗斯?史密斯爵士的私人经纪。大战期间,史密斯爵士曾任澳大利亚空军战斗机飞行员,被派在巴勒斯坦工作。欧战胜利缔结和约后不久, 他以30天旅行半个地球的创举震惊了全世界,这引起了很大的轰动。澳大利亚政府颁发给他5000美元奖金,英国国王授予了他爵位。有一天晚上,戴尔·卡耐基参加一次为推崇他而举行的宴会。宴席上,坐在戴尔?卡耐基右边的一位先生讲了一段幽默的话,并引出了一句话,意思是"谋事在人,成事在天"。



他说那句话出自《圣经》,他错了。戴尔?卡耐基知道,且很肯定地知道出处,一点疑问也没有。为了表现出优越感,戴尔?卡耐基一本正经地纠正他。他立刻反唇相讥:"什么? 出自莎士比亚? 不可能,绝对不可能! 那句话出自《圣经》。"他自信确定如此!

那位先生坐在戴尔?卡耐基右首,戴尔?卡耐基的老朋友弗兰克?格蒙坐在他左首,弗兰克?格蒙研究莎士比亚的著作已有多年。于是,戴尔?卡耐基和那位先生都同意向他请教。格蒙听了,在桌下踢了戴尔?卡耐基一下,然后说:"戴尔,这位先生没说错,《圣经》里有这句话。"那晚回家路上,戴尔?卡耐基对格蒙说:"弗兰克,你明明知道那句话出自莎士比亚。""是的,当然,"他回答,"《哈姆雷特》第五幕第二场。可是亲爱的戴尔,我们是宴会上的客人,为什么要证明他错了? 那样会使他喜欢你吗? 为什么不给他留点面子? 他并没问你的意见啊! 他不需要你的意见,为什么要跟他抬杠? 应该永远避免跟人家正面冲突。"

天底下只有一种能在争论中获胜的方式, 那就是避免争论。十之八九，争论的结果会使双方比以前更相信自己绝对正确。你赢不了争论。要是输了，当然你就输了；即使赢了，但实际上你还是输了。为什么？如果你的胜利使对方的论点被攻击得千疮百孔，证明他一无是处，那又怎么样？你会洋洋自得，但他呢？他会自惭形秽，你伤了他的自尊，他会怨恨你的胜利。

正如明智的本杰明?富兰克林所说的："如果你老是抬杠、反驳，也许偶尔能获胜，但那只是空洞的胜利，因为你永远得不到对方的好感。"

因此，你自己要衡量一下，你是要一种字面上的、表面上的胜利，还是要别人对你的好感？

威尔逊总统任内的财政部长威廉?肯罗以多年政治生涯获得的经验，说了一句话："靠辩论不可能使无知的人服气。"

拿破仑的家务总管康斯坦在《拿破仑私生活拾遗》中曾写到，他常和约瑟芬打台球："虽然我的技术不错，但我总是让她赢，这样她就非常高兴。"

我们可从中得到一个经验：让我们的同事、朋友、丈夫或妻子在琐碎的争论上赢过我们。

正面冲突不可能消除误会，而只能引起误会，因此，我们应该持一种宽容和体谅他人的态度去看待别人的观点。

有一次林肯斥责一位和同事发生激烈争吵的青年军官，他说："任何决心有所成就的人，绝不会在私人争执上耗时间，争执的后果不是他所能承担得起的。而后果包括发脾气、失去自制。要在跟别人拥有相等权利的事物上，多让步一点；而那些显然是针对你的事情，就让得少一点。与其跟狗争道，被它咬一口，不如让它先走。因为，就算宰了它，也治不好你的咬伤。"

## 不慎失言应及时弥补

"人有失足，马有漏蹄"。失足了可以再站起来，失蹄了可以重新振作，而人失言了也可以用妙语去弥补。只要你有"心机"，你可以补得天衣无缝。作为空姐，朱丽叶小姐常常接受严格的语言训练。尽管这样，她有时还是不免失言。

那次在航线上，她和往常一样本着顾客至上的服务精神，热情地询问一对年轻的外籍夫妇，是否需要为他们的幼儿预备点早餐。那位男乘客出人意料地用中国话答道："不用了，孩子吃的是人奶。"

由于没有仔细听这位先生的后半句话，为进一步表示诚意，朱丽叶小姐毫不犹豫地说："那么，如果您孩子需要用餐，请随时通知我好了。"

他先是一愣，随即大笑起来。朱丽叶小姐这才如梦初醒，羞红了脸，为自己的失言窘得不知如何是好。

在人们的交际过程中，无论凡人名人，都免不了发生言语失误。虽然其中原因有别，但它造成的后果却是相似的，或贻笑大方，或纠纷四起，有时甚至不堪收拾。

那么，能不能采取一定的补救措施或者矫正之术，去避免言语失误带来的难堪局面呢？回答是肯定的。

历史上和现实中许多能说会道的名人，在失言时仍死守自己的城堡，因而惨败的情形不乏其例。比如 1976 年 10 月 6 日，在美国福特总统和卡特共同参加的为总统选举而举办的第二次辩论会上，福特对《纽约时报》记者马克斯?佛朗肯关于波兰问题的质问，作了"波兰并未受苏联控制"的回答，并说"苏联强权控制东欧的事实并不存在"。这一发言在辩论会上属明显的失误，当时遭到记者立即的反驳。但反驳之初佛朗肯的语气还比较委婉，意图给福特以改正的机会。他说："问这一件事我觉得不好意思，但是您的意思难道在肯定苏联没有把东欧化为其附庸国?也就是说，苏联没有凭军事力量压制东欧各国？"



当时福特如果明智，就应该承认自己失言并偃旗息鼓，然而他觉得身为一国总统，面对着全国的电视观众认输绝非善策，于是继续坚持，一错再错，结果为那次即将到手的选举付出了沉重的代价。刊登这次电视辩论会的所有专栏、社论都纷纷对福特的失策作了报道，他们惊问："他是真正的傻瓜呢？还是像只驴子一样的顽固不化？"卡特也乘机把这个问题再三提出，闹得天翻地覆。

聪明的人在被对方击中要害时绝不强词夺理，他们或点头微笑，或轻轻鼓掌。如此一来，观众或听众弄不清他们葫芦里藏的什么药。有的人从某方面理解，认为这是他们服从真理的良好风范；有的从另一方面理解，又以为这是他们不做勉强的辩解的豁达胸怀。而究竟他们认输与否尚是个未知的谜。这样的辩论家即使要说也能说得很巧妙，他们会向对方笑道："你讲得好极了！"

相比之下，里根的表现就显得很有"心机"。

一次，美国总统里根访问巴西，由于旅途疲乏年岁又大，在欢迎宴会上，他脱口说道：

"女士们，先生们！今天，我为能访问玻利维亚而感到非常高兴。"

有人低声提醒他说漏了嘴，里根忙改口道：

"很抱歉，我们不久前访问过玻利维亚。"

尽管他并未去玻国，当那些不明就里的人还来不及反应时，他的口误已经淹没在后来的滔滔大论之中了。这种将说错的地点时间加以掩饰的方法，在一定程度上避免了当面丢丑，不失为补救的有效手段。只是，这里需要的是发现及时、改口巧妙的语言技巧，否则要想化解难堪也是很困难的。

在实践中，遇到失言这种情况，有三个补救办法可供参考：

1. 移植法，就是把错话移植到他人头上。如说："这是某些人的观点，我认为正确的说法应该是……" 这就把自己已出口的某句错误纠正过来了。对方虽有某种感觉，但是无法认定是你说错了。

2. 引申法，迅速将错误言词引开，避免在错中纠缠。就是接着那句话之后说："然而正确说法应是……" 或者说："我刚才那句话还应作如下补充……"这样就可将错话抹掉。

3. 改义法，巧改错误的意义。当意识到自己讲了错话时，干脆重复肯定，将错就错，然后巧妙地改变错话的含义，将明显的错误变成正确的说法。



## 似是而非解决两难问题

说话本应准确、清楚。但在语言的实际运用中，许多话是具有模糊性的。因为现实生活中有些话不必要、也不便于说得太实太死。

王元泽是宋朝著名政治家、文学家王安石的儿子，在他刚几岁时，有一个客人把一头獐和一头鹿放在一个笼子里，问王元泽哪一头是獐，哪一头是鹿。王元泽回答说："獐旁边的那头是鹿，鹿旁边的那头是獐。"王元泽的回答固然没有错。但是，王的回答是含糊其辞的，因为他没有确切地指明哪头是獐，哪头是鹿。然而妙也就妙在这"含糊其辞"上。王元泽如果老老实实地回答"不知道"，那就显示不出他的聪颖和机智，也不可能引起客人对他才华的赞赏了。

一个财主晚年得子，不胜高兴。生日那天，大家都来祝贺。财主问客人说："这孩子将来怎么样？"客人甲说："这孩子将来能当大官！"财主大喜，给了赏钱。财主又问第二个客人说："这个孩子将来怎么样？"客人乙说："这个孩子将来要发大财！"财主又赏了钱。财主又问第三个客人说："这个孩子将来怎么样？"客人丙说："这个孩子将来要死的。"财主气极了，把他打了一顿。说假话的得钱，说真话的挨打。既不愿说假话，又不愿挨打，怎么办？只好说："啊呀，哈哈，啊哈，这孩子，哈哈……"

## 认真分析场面话

无论谁，有时都会说或听到"场面话"，听者或言者切莫较真。

某甲在一公家单位服务，十几年没有升迁，于是通过朋友牵线，拜访一位经管调动的单位主管，希望能调到别的单位，因为他知道那个单位有一个空缺，而且他也符合条件。那位主管表现得非常热情，并且当面应允，拍胸脯说："没问题！"某甲高高兴兴地回去等消息，谁知半个月、一个月、两个月过去，一点消息也没有，打电话去，不是不在就是"正在开会"，问朋友，朋友告诉他，那个位置已经有人捷足先登了。他很气愤地问朋友："那他又为什么对我拍胸脯说没有问题？"他的朋友也不知如何回答才好。这件事的真相是：那位主管说了"场面话"，而某甲相信了他的"场面话"。



"场面话"是人际交往中话语的应酬之一，而说"场面话"也是一种生存智慧，在社交中一些高手都懂得说，也习惯说。这不是罪恶，也不是欺骗，而是一种"必要"。

一般来说，"场面话"有以下几种：

——当面称赞人的话，诸如称赞你的小孩可爱聪明，称赞你的衣服大方漂亮，称赞你教子有方……这种场面话所说的有的是实情，有的则与事实有相当的差距，说起来虽然"恶心"，但只要不太离谱，听的人十之八九都感到高兴，而且旁人越多他越高兴。

——当面答应人的话，诸如"我全力帮忙"、"有什么问题尽管来找我"等。说这种话有时是不说不行，因为对方运用人情压力，当面拒绝，场面会很难堪，而且会马上得罪一个人，缠着不肯走，那更是麻烦，所以用“场面话”先打发，能帮忙就帮忙，帮不上忙或不愿意帮忙再找理由，总之，有“缓兵计”的作用。

所以，“场面话”想不说都不行，因为不说，会对你的人际关系有所影响。

不过，千万别相信“场面话”。

对于称赞或恭维的“场面话”，你要保持你的冷静和客观，千万别听两句“场面话”就乐昏了头，因为那会影响你的自我评价。冷静下来，反而可看出对方的用心所在。

对于拍胸脯答应的“场面话”，你只能持保留态度，以免希望越大，失望也越大。因为人情的变化无法预测，你既测不出他的真心，只好做最坏的打算。要知道对方说的是不是场面话也不难，事后求证几次是很好的办法，如果对方言辞躲闪，虚与委蛇，或避不见面，避谈主题，那么对方说的就真的是“场面话”了。所以对这种“场面话”，也要有清醒的头脑，否则可能会坏了大事。